신 · 재생에너지
RD&D 전략 2030 시리즈 6

수소 · 연료전지 I

에너지관리공단 신 · 재생에너지센터

북스힐

발 간 사

안녕하십니까.

잘 아시는 바와 같이 지금 세계 각국은 지속적인 고유가 상황 속에서 에너지 자원의 안정적인 확보를 위해 치열한 경쟁을 벌이고 있습니다. 특히, 지난 제13차 유엔기후변화협약 당사국 총회에서 채택된 '발리로드맵'을 계기로 인하여, 온실가스 감축 문제는 선진국이나 개도국을 막론하고 더 이상 미룰 수 없는 온 인류의 생존과제가 되었습니다.

저탄소형 사회구조로의 전환을 위해 가장 중요한 것은 에너지의 효율적인 사용과 함께 신・재생에너지의 이용과 보급을 확대하는 것이라 하겠습니다. 이를 위해서는 적극적인 기술개발을 통해 분야별 핵심기술을 확보하고, 주요 부품 및 설비기술의 국산화가 선행되어야 할 것입니다.

신・재생에너지기술개발에 대한 관심과 참여가 대폭적으로 늘어나고 있는 이 시점에서 저희 에너지관리공단 신・재생에너지센터에서는 체계적이고 전략적인 신・재생에너지기술개발을 유도하기 위해 각 분야별 국내 최고의 전문가와 함께 「신・재생에너지 RD&D 전략 2030」을 완성하였습니다.

「신・재생에너지 RD&D 전략 2030」은 중장기 신・재생에너지기술개발에 대한 명확한 비전을 제시하고 있으며, 미래의 큰 그림 뿐만아니라 세부 추진방법 및 구체적인 개발목표도 수록하고 있습니다. 새롭고 참신한 정보로 구성된 「신・재생에너지 RD&D 전략 2030」은 관련분야 종사자 여러분에게 든든한 길잡이가 되어줄 수 있을 것으로 기대가 됩니다.

전문가들은 앞으로 석유로 대표되는 화석연료의 시대는 이삼십년이 피크라고 예상하며, 그 이후의 세계 경제는 청정에너지인 신・재생에너지 핵심기술을 가진 나라가 주도하게 될 것이라고 합니다. 아무쪼록 「신・재생에너지 RD&D 전략 2030」이 우리나라 신・재생에너지기술 발전의 밑거름이 되어 우리나라가 선진국을 능가하는 신・재생에너지 기술선도국으로 도약할 수 있기를 기원합니다.

감사합니다.

에너지관리공단 이사장

차례

Contents

제1부 수소 · 연료전지 현황과 전망(요약)

I 수소 · 연료전지 기술개요 및 특성

II 수소에너지 기술개발 당위성 및 저해요인

차례

III 설문분석(국내 기술수준 및 국산화율 분석)

IV 수소 · 연료전지 산업화 방안

부 록

제2부 분야별 수소연료전지 기술동향 및 전망(2권)

표차례

제1부 수소·연료전지 현황과 전망(요약)

Fig. Contents

제1부 수소 · 연료전지 현황과 전망(요약)

제1부

수소 · 연료전지 현황과 전망 (요약)

본 보고서의 목적은 수소·연료전지 기술의 현황을 분석하고 산업화 전망을 제시함으로써 산업화를 가속화시키기 위해 연구개발 방향 및 실증·보급의 구체적 실행방안을 제시하는 데 있다.

수소·연료전지의 다양한 응용 분야 및 기술분류 특성상 본 보고서는 2부로 구성되어, 「제2부 분야별 수소·연료전지 기술동향 및 전망」에서는 분야별 수소·연료전지 기술동향 및 전망이 기술되어 있으며, 「제1부 수소·연료전지/수소경제 현황과 전망」에는 제2부에서 기술된 분야별 산업화 방안 및 실행계획 등을 총론식으로 요약하였다.

I

수소 · 연료전지 기술개요 및 특성

1. 기술개요

○ 수소에너지 기술은 수소생산, 저장, 운반, 이용 기술로 분류되며 대표적인 수소에너지 이용기술인 연료전지는 발전용 연료전지, 수송용 연료전지, 가정/상업용 연료전지, 휴대용 연료전지로 구분됨(그림 1-1 참조). 상기 기술의 산업화를 위해서는 극복하여야 할 난제들이 많은데 공통 문제점은 제조단가가 너무 높은 것임. 이러한 측면에서 연구개발의 가장 중요한 목표는 가격절감 기술개발임.

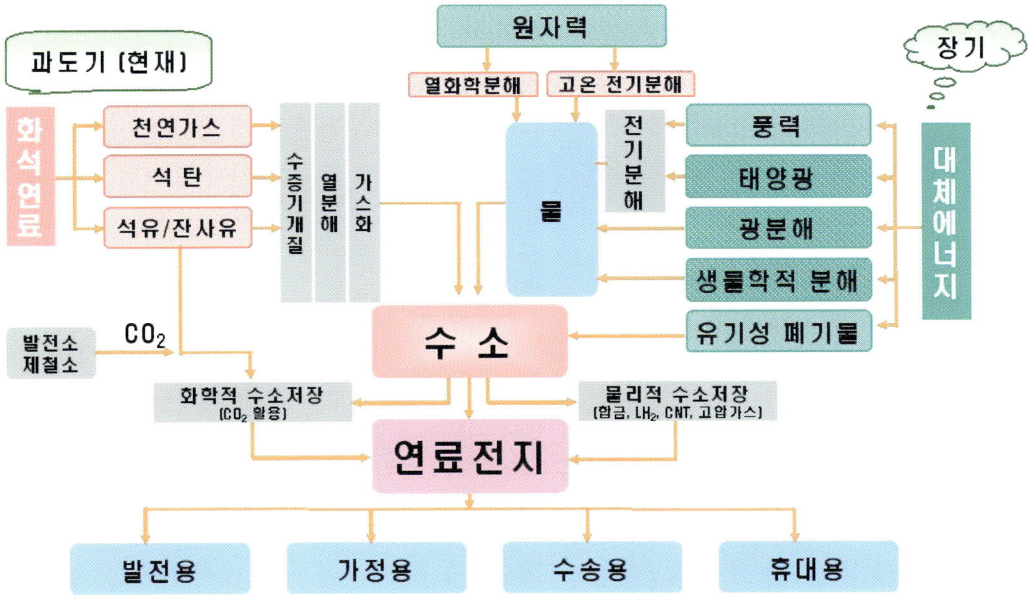

그림 1-1 수소에너지 제조 및 이용 체계도

2. 수소에너지 세부기술

가. 수소생산기술

○ 수소는 우주에서 가장 풍부한 원소이지만 그 자체로는 자연계에 존재하지 않고 열, 빛, 전기 등을 이용하여 화석연료, 물, 바이오매스 등에서 얻을 수 있음.

○ 수소에너지 생산기술로는 천연가스, LPG, 납사, 석탄 등 화석연료의 수증기 개질, 부분산화, 자열반응, 열분해, 플라스마 개질 등의 기술에 의한 수소생산기술과 풍력, 태양광 등의 재생에너지를 이용한 물의 전기분해, 광전기 화학적 또는 광생물학적 수소제조 방

법, 차세대 원자로를 이용한 원자력 에너지를 활용하여 물의 열화학적 또는 전기분해 방법에 의해 수소를 생산하는 방법이 있음(표 1-1 참조).

○ 수소를 에너지로 사용하기 위해서는 단기적으로는 경제성이 있는 화석연료로부터 수소를 제조하되, 부산물로 생성되는 이산화탄소는 분리/처리하여 수소 경제로의 전환을 촉진함. 궁극적으로는 대체에너지를 통한 이산화탄소의 배출이 전혀 없는 수소제조로 진정한 수소경제 사회로의 진입을 확립하는 것이 필요.

○ 국내 수소 생산량은 연간 약 40만 톤 정도 되는데, 이들 대부분이 석유의 정제공장, 화학공장, 반도체 및 철강산업에서 산업적인 목적으로 주로 사용되고 있으며, 아직은 에너지를 목적으로 거의 사용되고 있지 않음. 수소를 에너지원으로 사용하기 위해서는 수소 제조단가를 더욱 낮추는 연구개발이 필요.

○ 수소제조 공정들의 기술개발단계를 표 1-1에 나타내었는데 이중 수증기 개질, 부분산화, 전기분해 등은 기술적으로 상용화되어 있으나 제조가격 저감 등의 연구개발은 더욱 필요.

표 1-1 주요 수소제조 공정 현황

제조 공정	현황
천연가스 수증기개질	기술완성단계
천연가스 촉매분해	기술완성단계
중유 부분산화	기술완성단계
석탄가스화	연구개발-기술완성단계
수증기-철 석탄가스화	연구개발
물 전기분해	기술완성단계
열화학적 사이클 (단일)	연구개발
열화학적 사이클 (복합)	연구개발
광화학적 공정	초기 연구개발
광전기화학적 공정	초기 연구개발
광생물학적 공정	초기 연구개발

○ 각 제조방법들의 현재 생산규모 및 제조가격을 표 1-2에 나타내었는데 메탄 수증기개질에 의한 수소의 생산이 가장 보편적으로 사용되고 있음.

표 1-2 수소제조 방법에 따른 수소제조 가격비교

수소제조 방법	원료	규모 (10^6 Nm^3/일)	제조 가격 ($/kg)
메탄 수증기개질법	천연가스	0.27～25.4	0.65～1.35
석탄가스화	석탄	2.80～6.78	1.18～1.39
탄화수소가스화(부분산화법)	잔사유	2.80	1.18
바이오매스 가스화	바이오매스	0.72～2.26	1.04～1.57
바이오매스 열분해	바이오매스	0.024～0.81	1.06～1.53
전기분해(대규모, 일반)	물	0.1～6.75	2.47～3.44
전기분해(태양광발전 전기)	물	0.195	5.02
전기분해(풍력발전 전기)	물	0.247	2.42

나. 수소저장기술

○ 중량 및 부피당 저장밀도가 높은 수소저장시스템은 연료전지 자동차뿐만 아니라 발전용, 휴대용 등 연료전지 및 수소 스테이션 등 많은 분야에서 사용되고 있으며 각 분야별에서 반드시 개발되어야 할 핵심기술임.

○ 수소저장기술로는 고압기체 수소저장, 저온액체 수소저장, 수소저장 합금, 나노재료 수소저장, 화학수소화물 수소저장 등의 기술이 연구되고 있음.

○ 수소를 극저온 액체 상태나 저온 및 상온압축기체 상태로 용기에 저장하는 기술과 수소를 고체상태로 저장하는 금속 수소화물 저장기술은 일부 실용화 단계에 있기는 하나, 수소저장 부피 밀도나 중량밀도가 낮으며 수소를 용기에 담고 방출할 때 비등손실이나 에너지 손실이 커서, 보다 많은 양의 수소를 저장할 수 있는 새로운 수소저장기술이 연구되고 있음.

○ 수소를 기체상태로 저장하는 가장 일반적인 방법은 고압을 견디도록 설계된 강철이나 경량 복합탱크에 350～700bar의 압력에 수소를 저장하는 방법임.

- 350bar 고압수소 탱크에 대한 국내기술수준은 설계 및 제작능력 면에서 선진국 수준에 바짝 다가간 상태이나, 700bar 탱크의 경우 현재 라이너 설계단계로서 기술격차가 다소 있는 편임.

○ 안전성 확보를 위해 고압수소저장과 금속 수소화물을 결합한 hybrid 수소저장기술이 도

요타를 중심으로 최초로 시도되고 있으며 연료전지 자동차용 수소저장기술로 가능성을 보이고 있음.

○ 액화수소의 이론 중량밀도는 100wt%이지만 단지 20wt%의 수소만을 실제 수소시스템에서 얻을 수 있으며, 이론 부피 밀도는 80kg/㎥이나, 실제로는 30kg/㎥만 얻을 수 있어 에너지 효율이 낮음. 이는 액체 수소가 압축수소보다 훨씬 높은 에너지 밀도를 갖는 것을 의미하나, 에너지 중 30~40%가 액화수소를 생산될 때 소모되기 때문임.

- 따라서 향후 효율이 높은 액화공정, 가격저하와 단열 용기개발, 비등으로 손실된 수소를 자동적으로 회수하여 연료를 다시 액화시키는 시스템 개발 등의 연구가 진행되어야 함.

○ 수소를 재료에 저장하는 방법은 수소에너지 밀도가 압축가스 및 액화가스에 비해 높고 안전하여 수소저장기술로 활발히 연구되고 있음. 수소저장방법은 흡착을 이용하여 수소를 저장하는 방법(유기금속 구조물, 제올라이트, 탄소나노튜브 등), 금속수소화물 수소저장합금방법, 화학반응을 이용하여 수소를 저장하는 방법 등으로 구분됨.

- 금속수소화물을 이용한 수소저장 합금은 그 기술이 일부 실용화 단계이나, 수소저장량이 낮아 수송용보다는 정치용 등의 특수 목적에 적합한 저장기술임.
- 화학반응 재료 중 금속붕소수소화물은 비가역적 가수 분해 방법으로 수소를 저장하여 이용하는 것으로 알려져 왔으나, 금속붕소화물에 첨가제를 첨가함으로써 가역성과 불안정성에 대한 한계를 극복하게 됨으로써 세계 각국에서 최근 경쟁적으로 이 기술을 개발하고 있음.

다. 수소운반

○ 수소를 생산하는 곳에서 최종소비자까지 전달해 주기까지의 다양한 분야를 포함함.

○ 수소운반과 연계된 수소인프라 기술은 수소생산시설로부터 최종 수요처 또는 이용시설까지 수소를 안전하고 원활하게 보급하기위해 요구되는 시설 및 제도 등 사회기반 기술을 의미함. 수소인프라 기술개발의 궁극적인 목표는 안전하고 효율적이며 재순환이 가능한 수소에너지원 수급체계 구축 및 활용 시스템의 실현이라 할 수 있음.

○ 수소제조, 저장, 운반의 인프라 구축은 물류비용, 활용편이성, 수요패턴 및 기술수준 및 수소 수요물량에 따라 제조·저장 일체형(on-site)과 분리형(off-site)로 구분되며 인프라 구축 초기에는 on-site에서 시작하여 점진적으로 off-site와 적절하게 믹스되는 형태로 발전(표 1-3 참조).

표 1-3 수소인프라 구축 분류

구분	제조 · 저장 일체형 (On-site, 수소스테이션)	제조 · 저장 분리형 (Off-site)
기술개요	• LNG(또는 수분해)를 활용하여, 수요처에서 직접 제조, 저장, 활용	• 산업단지, 발전소 등에서 수소를 생산하여 수요처로 이동 · 활용
장점	• 물류비용 절감, 활용이 용이 • 수요-공급 밸런스 충족	• 대단위 수소제조에 적합
단점	• 대규모 수소제조 및 저장 곤란 • 안전성문제 발생	• 물류비용 증대 • 저장설비 건설비용 추가
적용방식	• LNG개질 수소제조 • 신 · 재생에너지 활용 수소제조	• 여유전력, 원자력, 부생가스 수소제조 • 석탄 수소제조
이동수단	• 별도로 필요없음	• 수소파이프라인, 튜브트레일러 등
이용분야	• **수송용**, (발전용)	• **발전용**, (수송용)

3. 연료전지 세부기술

가. 수송용 연료전지

○ 수소 · 연료전지 차에는 여러 가지 다양한 연료전지 중에서도 운전온도가 저온이며, 출력 밀도 및 시동 특성이 우수한 고분자 전해질 연료전지가 사용되며 연료전지에서 생성되는 전기로 모터를 구동시킴

○ 수소 · 연료전지 차는 연료전지 스택, 수소저장탱크, 스택에 공기와 수소를 공급하는 운전장치, 전력변환기, 모터 및 감속기, 스택의 운전을 보조해주는 보조전원으로 구성됨.

○ 보조전원으로는 전지 또는 슈퍼캐패시터와 같은 보조에너지 저장장치가 사용되며, 스택의 운전을 도와 차량의 성능을 높이기 위하여 사용됨.

○ 대부분의 연료전지 차가 연료전지를 주 동력원으로 사용하는데, 플러그인 연료전지 차에서는 배터리를 차량의 주 동력원으로 사용하고 연료전지는 배터리를 충전하거나 보조해주는 역할로 사용하기도 함, 이 경우 연료전지를 소형화하는 장점이 있음.

○ 수송용 연료전지 시스템으로는 대표적으로 연료전지 승용차와 연료전지 버스가 있으며 개발단계 및 시장초기에는 정부의 역할이 매우 중요하지만 점차적으로 환경 및 에너지 문제가 심각하게 대두되기 때문에 시장이 급격히 성장할 것으로 예측됨.

○ 수송용 연료전지의 개발 이슈는 연료전지 스택을 포함하는 연료전지 시스템의 가격저감, 연료전지의 내구성 향상, 냉시동 운전, MEA를 포함한 핵심부품 및 주변기기 국산화, 수소저장 탱크 개발, 값싼 수소를 생산할 수 있는 수소인프라 구축 등으로 요약됨. 산업화 시기는 기술개발 속도 및 가격저감 정도에 달려있음.

나. 가정/상업용 연료전지

○ 가정/상업용 연료전지 시스템은 연료전지에 의하여 생산되는 전기를 이용함과 동시에 연료전지에서 발생되는 열을 동시에 이용하여 온수와 난방을 공급하는 고효율, 청정에너지 시스템을 일컬음.

○ 고효율 열병합 발전(발전효율 35%, 종합효율 75% 이상)으로 에너지 절감에 유리하고, 마이크로 가스터빈이나 가스터빈에 비하여 시스템의 소음 및 환경오염 배출이 적음.

○ 가정/상업용 연료전지 시스템의 연료로는 수소 인프라가 구축되기까지는 전국적인 배관망을 갖고 있는 천연가스가 주로 사용되고, 다양한 연료전지 중 고분자전해질 연료전지와 고체산화물 연료전지가 주로 사용되며 1kW급부터 50kW급 이하의 시스템을 일컬음.

○ LNG 화력발전과 일반 보일러를 사용하여 전기와 열을 생산하였을 때와 비교하여 가정용 연료전지 시스템은 소비되는 전기 및 가스비가 총 12% 정도 절약되고, 온실가스의 주범인 이산화탄소는 약 40% 감소되고, 또한 약 26%의 에너지가 절감되는 효과가 있음.

○ 가정/상업용 연료전지의 개발 이슈는 연료전지 스택 및 연료 프로세서의 가격저감 및 내구성 향상, MEA를 포함한 핵심 부품 및 주변기기 국산화로 요약됨.

다. 발전용 연료전지

○ 발전용 연료전지는 정치형으로서 수백kW 이상의 전력을 생산함으로써 기존의 발전 설비를 대체할 수 있는 기능을 갖는 연료전지시스템.

○ 발전용으로 사용될 수 있는 연료전지는 인산형 연료전지, 용융탄산염 연료전지, 고체산화물 연료전지가 있는데, 인산형 연료전지의 경우 가장 먼저 개발되었지만 가격 문제를 극복하지 못하여 시장진입에 어려움을 겪고 있고, 고체산화물의 경우는 아직 기술적으로 해결이 안 된 부분이 많아 아직은 연구개발 단계이며 용융탄산염 연료전지가 기술적으로나 가격적으로나 가장 상업화에 근접해 있는 상황임(미국 FCE사의 내부개질형 용융탄산염 연료전지 시스템 가격 및 내구성은 각각 $5,000/kW, 20,000시간 이상으로 개발 목표인 $1,000/kW, 40,000시간에 상당히 근접해 있음).

○ 용융탄산염 연료전지는 사용연료의 개질 방식에 따라 내부개질형과 외부개질형으로 구분함. 내부개질형은 천연가스, 메탄가스 등의 연료를 수증기와 함께 직접 스택으로 도입

한 후 스택 내부의 개질 촉매를 이용하여 연료전지 발전에 사용하는 방식임. 반면에 외부개질형은 사용연료를 스택 외부에 설치된 별도의 연료개질기에서 개질한 후 스택 내부로 도입하여 연료전지를 가동하는 방식임(그림 1-2 참조).

○ 내부개질형은 별도의 개질기가 필요치 않으므로 설비 제조비용이 상대적으로 저렴하고 시스템 소형화라는 측면에서 유리한 점이 있음. 한편 외부개질형은 연료개질기의 종류 및 형태에 대한 자유도를 가지게 되므로 훨씬 다양한 연료를 적용할 수 있다는 점에서 장점을 가짐. 분산전원이라는 측면에서 천연가스를 연료로 사용하는 경우에는 내부개질형이 상대적으로 유리하다고 할 수 있으나, 다른 연료를 사용해야 하는 경우에는 별도의 연료전처리 설비가 필요할 수 있으므로 내부개질형의 장점이 희석됨. 화력발전대체 집중전원에서는 석탄가스의 활용 가능성이라는 측면에서 외부개질형의 장점이 부각됨.

○ 따라서 내부개질형 용융탄산염 연료전지는 도시가스 인프라를 활용한 백업파워나 분산발전뿐만 아니라, 매립지나 하수처리장의 메탄을 주성분으로 하는 부생가스를 활용한 발전, LNG 선박의 보조전원 등 중소규모 독립발전 시장에 적합한 기술로 판단됨.

○ 또한 외부개질 방식은 스택의 연료로 수소를 사용하기 때문에 화학공장이나 제철소 등지의 부생수소를 별도의 공정을 거치지 않고 직접 연료로 사용할 수 있을 뿐만 아니라 특히 석탄가스를 연료로 사용하는 연료전지 발전 시스템에 적합하며, IGFC를 구성할 경우 시스템의 구조가 매우 단순해지기 때문에 규모가 커질수록 경제성 확보가 용이함. 장기적으로 볼 때 외부개질형 용융탄산염 연료전지는 석탄가스화 기술(IGCC)과 연계하여 기존의 화력 발전소를 대체하는 연료전지를 이용한 중앙 집중발전에 가장 유력한 발전 방식으로 판단됨. 그러나 기술 특성상 장기간의 기술개발이 필요하며, 연구개발 인력 및 자금 면에서 대단히 큰 투자가 필요한 기술임.

	외부개질방식 (External Reforming Type)	내부개질방식 (Internal Reforming Type)
작동원리	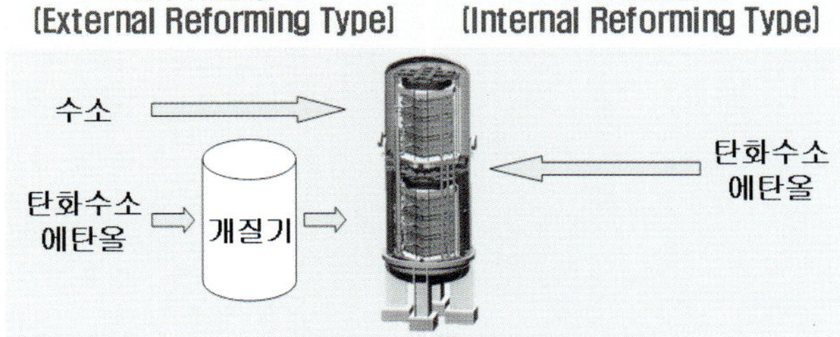	
효율	낮음	높음
시스템	개질기 제외시 단순화 가능	개질기가 포함된 ER 보다 단순
연료	다양한 연료 사용 가능	메탄/프로판으로 연료 제한
용도	대용량 발전	분산 발전

그림 1-2 외부개질방식과 내부개질방식의 비교

라. 휴대용 연료전지

○ 휴대용 연료전지(portable fuel cell) 기술의 범주는 출력밀도가 비교적 낮지만 휴대의 간편성, 작동의 편리성, 연료 교체의 용이함을 특징으로 하는 휴대가 가능한 수W에서 수십W급의 소형 전자기기용 전원 시스템 및 휴대용 충전 시스템에의 적용을 목적으로 개발하는 연료전지 시스템과 관련기술을 포괄함. 적용 전자기기의 대상으로는 휴대폰, DMB폰, PDA, 캠코더, 노트PC 등이 있음.

○ 휴대용 연료전지 시스템 개발과 상용화를 위해서 고출력, 신뢰성과 가격 경쟁력 확보 등을 위한 연구개발이 국내외에서 활발하게 진행되고 있음.

○ 휴대용 연료전지는 휴대 전자기기의 배터리 대체 전원, 소형 이동용 전원 이외에 국방용 전원 등으로의 응용도 관심이 높음. 휴대용 연료전지가 차세대 발전기술로 자리 잡기 위해서는 요소기술, 스택 제작 기술, 실용화를 위한 가격저감 연구 등이 필요함.

○ 연료전지 유형별 : 직접 메탄올 연료전지(DMFC, Direct Methanol Fuel Cell), 저장 수소형 고분자 연료전지(H_2-PEMFC, Hydrogen Polymer Electrolyte Fuel Cell) 혹은 개질가스형 고분자 연료전지(Reformer-PEMFC, Reformer Polymer Electrolyte Fuel Cell) 등을 개발하고 있음. 최근에는 마이크로 고체산화물 연료전지(Micro-SOFC, Micro Solid Oxide Fuel Cell)에 대한 연구개발도 발표되고 있음.

○ 휴대용 연료전지 시스템으로 가장 적합한 시스템이 어느 것인가에 대해서는 아직 이견들이 남아 있지만, PEMFC와 DMFC의 개발이 거의 비슷하게 이루어지고 있으며, DMFC 장치수는 2005년에 비하여 2006년에 약간 증가하였음. 일부기업은 고체산화물 연료전지(SOFC)를 개발하고 있지만 소수임. 우선, PEMFC와 DMFC가 휴대전자기기용 기술로 선택될 것으로 여겨지며, SOFC는 군용 시스템으로 사용될 가능성이 있음.

Ⅱ

수소에너지 기술개발 당위성 및 저해요인

1. 당위성

가. 에너지 안보

○ 현대 사회에 있어 에너지원의 확보는 경제 및 산업 발달에 필수적인 핵심 요소이며 에너지원의 중요성은 에너지의 소비량의 급속한 증가와 화석 연료의 가채량 한계의 가시화에 의해 더욱 증대되고 있음.

○ 세계 에너지 소비량은 가채량의 한계가 가장 심한 석유의존도가 높은 수송 분야에서 두드러지게 증가하고 있음. 이에 따라 세계 각국들은 에너지원 확보에 총력을 기울이고 있음.

○ 우리나라는 현재 에너지 소비량 세계 10위, 석유 소비량 6위권의 에너지 다소비 국가이며 에너지 소비의 약 97%, GDP의 8.2%를 수입에 의존하고 있어 에너지원의 확보가 시급함.

○ 우리나라의 에너지 소비량은 연간 약 4.0% 정도로 증가할 것으로 예측되며 특히 석유 의존도가 높은 수송용 에너지 소비량은 가장 높은 증가율을 보일 것으로 예상됨. 따라서 에너지원의 안정적 확보는 향후 우리나라 경제 및 산업 발전을 결정하는 핵심 요소임.

○ 수소에너지는 가채량 및 지역 편재성이 없을 뿐만 아니라 환경친화적이기 때문에 에너지 안보와 환경 보호를 위해 그리고 21세기 막대한 에너지 기술 시장 확보를 위해 세계 각국에서는 막대한 자원을 투입하여 연구 개발을 진행하고 있음.

○ 에너지 자원 빈국에서 21세기 에너지 기술 강국으로 도약하여 안정된 에너지원의 확보 및 차세대 경제성장 동력을 수소·연료전지 분야에서 모색하고 있는 우리나라는 수소·연료전지 기술개발에 국가적 총력을 기울이는 것이 타당함.

나. 환경 측면

○ 최근 화석 에너지의 소비가 급증하면서 대기 오염이 심각해지고 있음. 특히 급증하는 온실가스 배출은 심각한 기후변화를 야기한다고 알려져 있으며 이에 따라 1997년 12월 주요 선진국들은 Kyoto에서 2008~2012년까지 CO_2를 1990년 대비 EU 회원국은 8%, 미국은 7%, 일본은 6%를 삭감할 것을 골자로 하는 의정서를 채택하였고 이산화탄소 발생량 세계 10위인 우리나라도 이에 대한 대비가 시급함.

○ 따라서 선진국들은 이산화탄소의 배출량을 줄이기 위해 무공해 청정에너지인 연료전지, 수소 저장 및 운반 기술 등 수소 에너지 기술을 포함한 여러 가지 신·재생에너지 기술 개발에 많은 역량을 투입하고 있음.

○ 우리나라도 2018년으로 예상되었던 온실가스 감축 의무가 2013년경으로 앞당겨질 전망

이어서 온실 가스 배출을 줄일 수 있는 신·재생에너지 기술개발이 절실함.

○ 특히 연료전지의 상용화가 가시화됨에 따라 수소에너지 기술의 개발이 시급할 뿐만 아니라 수소에너지의 실현 가망성도 높아지고 있음.

다. 사회적·경제적 측면

○ 우리는 현재 에너지 경제 구도 자체가 화석에너지로부터 수소 경제로 전환하는 범지구적인 에너지 패러다임의 대변환 시대에 살고 있으며, 이러한 변화 적응에 뒤떨어지면 지난 세기에 이어 앞으로도 에너지 측면에서 선진국에 종속된 구도에서 벗어날 수가 없음.

○ 최근 사회적 화두가 웰빙(well-being)으로 정착되면서 생활환경에 매우 민감해짐에 따라 더욱 거세지고 있는 NIMBY 현상 때문에 원자력발전소, 석탄화력발전소는 물론 송전 시설 건설에 이르기까지 심각한 반대에 부딪히고 있어 우리나라의 미래 전력 수급에 중대한 차질이 예상되고 있음.

○ 또한 반도체 등 정밀 산업의 발전은 고품질 전력을 요구하고 있어 현재와 같은 전력 송배전 구도로는 이와 같은 고급 수요에 대한 대처가 부족할 수밖에 없는 형편임.

○ 이상과 같은 이유에서 연료전지로 대표되는 신에너지 기술이 향후 전력산업, 수송, 이동전원, 군사 우주용에 폭넓게 사용되리라고 예상되고 있으며, 그 시장규모는 2010년 약 1,000억 불에 이르고 그 이후 기하급수적으로 늘어날 것이라는 것이 일반적인 예측임.

○ 우리나라는 이에 수소·연료전지 분야를 차세대 성장동력의 하나로 2003년 지정한 후 2010년 기준 세계 3위의 기술력 보유 및 세계시장 20% 점유라는 목표로 국가적 총력 RD&D 사업을 추진하고 있는 바 이는 매우 시의 적절한 정책임.

2. 저해요인

○ 앞서 기술한 바와 같이 수소·연료전지는 차세대 성장 동력으로서 기술개발, 보급 및 상용화가 시급하지만 이것을 달성하기에는 반드시 극복해야 할 많은 기술적, 경제적 저해 요인들이 있음.

○ 수소 에너지 경제의 실현을 위해서는 새로운 인프라의 구축 또는 기존 인프라의 개조가 필요하며 이를 위해서는 막대한 투자비가 소요될 것으로 예상되며 이는 수소 에너지 경제 실현을 위한 저해 요인으로 판단됨.

○ 수소 제조, 저장, 수송, 이용 기술들 중 많은 기술들이 아직 개발 단계이며 경우에 따라서는 단시일에 개발되기 어려운 기술도 있음. 이러한 기술거발의 장기성과 기술개발의

불확실성도 수소 에너지 경제 실현을 위한 저해 요인임.

○ 안전성에 대한 인식 부재도 수소 에너지 경제 실현을 위한 저해 요인으로 판단되며 이를 해결하기 위해 홍보 및 교육이 필요함.

○ 이외에도 아래 표 2-1에 정리한 바와 같이 여러 저해요인이 있을 수 있으며 이들 저해요인들에 의한 범국가적 동의를 얻기 어려운 점도 하나의 저해요인으로 판단됨.

표 2-1 수소 · 연료전지 분야 기술개발 저해 요인

요인	내용
투자 경제성	• 기술개발 기간 장기 • 기술개발 성공의 불확실성 • 초기 투자비 규모: 기존 기술 대비 약 2~10배 • 민간투자 미흡 : 정부의 강력한 개발 · 보급 유인책 필요
보급 정책 및 지원 인프라	• 보급 지원비 확대 필요 • 초기시장 창출 및 신뢰성 검증 시책 부족 • 보급 전담기관 육성 시급 • 교육, 홍보 부족
기술개발 투자 규모	• 경쟁국에 비해 투자 규모 소규모 • 과감한 투자 확대 정책 필요 : 민간 투자 유도 • 핵심역량 육성 정책 부재

○ 이와 같은 여러 저해 요인을 종합적으로 해결하여 정부의 보급 목표 및 해당 기술의 상용화를 이루기 위해서는 범국가적 전략의 수립이 필요함.

○ 정부는 2003년 제2차 신 · 재생에너지 기술개발 및 이용 · 보급 기본계획을 마련하고, 이의 원활한 수행을 위해 3대 프로젝트형 사업단을 결성 운영하고 있음.

○ 특히, 수소 · 연료전지 분야는 차세대 성장동력으로 선정되었고 2005년 "친환경 수소경제" 구현을 위한 "국가비전 2040"을 마련한 바 범국가적 개발의지가 결집되는 등 저해요인 해결 분위기는 형성된 것으로 판단됨.

○ 그러나 투자규모의 절대적 크기 또는 전문가 확보 측면에서 선진국과 동등한 입장에서 경쟁하기는 매우 어려우므로 우리가 가진 핵심역량을 정확히 파악하고, 이를 집중 개발함으로써 경쟁력을 확보하는 전략의 구체적 실행이 매우 중요하다고 사료됨.

3. SWOT 분석

○ 수소·연료전지 분야의 강점, 약점, 기회요인, 위협요인을 정리하여 SWOT 분석을 해보면 아래 표 2-3과 같음.

표 2-2 수소·연료전지 SWOT 분석

강점(Strength)	약점(Weakness)
• 연료전지 분야 기반기술 확보 • 촉매, 재료 등 관련분야 경쟁력 우수 • 생산기술 세계 수준	• 원천기술 확보 미흡 • 원소재 해외 의존도 과다 • 대형 시스템 개발 경험 미약 • 전문가 pool 취약 • 미래기술에 대한 트자 의지 열악
기회요인(Opportunity)	**위협요인(Threat)**
• 환경규제의 강화 • 고유가 시대 진입 • 에너지 다변화 및 안보 의식 강화 • 정부의 확고한 의지 표명 : 대체에너지 보급목표 설정 및 차세대성장동력 선정 • 민간 투자 의지 확대 • IPHE 등 국제 협력 분위기 고조	• breakthrough 기술개발 지연 • 경제성 확보 실패 • 막대한 인프라 건설비용 • 경쟁 기술 및 기존 기술의 획기적 발달 • 도입초기 대형 안전사고 발생

III

설문분석(국내 기술수준 및 국산화율 분석)

1. 설문조사 목적

○ 국가에너지 안보를 확보하기 위하여 에너지기술개발 전반에 걸쳐 전략적 선택과 집중을 통한 접근이 필요하며, 한정된 에너지 자원의 효과적인 배분 및 활용이 필요

- 미래 세계 에너지 수급전망 분석과 기후변화협약에 따른 경제적 파급효과에 대한 면밀한 검토 및 미래 에너지 기술시장과 기술개발 방향의 종합적 고려를 통해 세계 최고 수준의 경쟁력 확보가 가능한 에너지기술개발에 집중적으로 지원해야 함

○ 이에 정부도 "제 3차 신·재생에너지 기본계획(2008~2017)" 수립을 추진하고 있으며, 이를 위해 11개 신·재생에너지원의 R&D 추진방향과 목표 등을 설정하기 위한 중장기(단기: 2008~2012, 중기: 2013~2020, 장기: 2021~2030) 계획을 수립 중임

○ 동 설문은 향후 중장기 기술개발 계획 및 신·재생에너지 기본계획 수립 시 기초자료로 활용하고자 수소·연료전지 분야의 국내 기술수준 및 국산화율을 파악하기 위하여 관련 업계와 대학 및 연구소의 전문가 약 100명을 대상으로 실시하였음

2. 기술수준 분석

○ 수소·연료전지 분야 현재 기술수준을 파악하기 위하여 수소 분야는 제조 및 이용 방법에 따라 4분류로 나누고, 연료전지 분야에서 기술별 4분류로 나누어 각각에 대한 기술수준을 조사하였음(기술 수준 평가기준은 아래 표 3-1과 같이 제시함)

표 3-1 기술 수준의 단계별 평가기준

단계별 구분	특성	기술 수준(%)
기술 완숙기 및 시장 확대기	해외시장에서 경쟁력이 입증되며, 새로운 기술개발 요구에 독자적이고 능동적으로 대처할 수 있다	81~100
기술 실증 및 상업화	개발된 기술이 상업화되어 현장에 적용되어 성능의 실증 연구가 이루어진다	61~80
기술의 응용 연구	개발된 기술의 실증을 위하여 Pilot Plant 규모의 연구가 이루어진다.	41~60
기술 도입 및 기초기술 습득	도입기술을 통하여 운영기술을 습득하고 독자적인 기술개발을 위하여 실험적 규모의 기술을 개발한다	21~40
개념 정립기	기술개발의 필요성이 인식되고 그에 필요한 요소기술을 파악한다	0~20

○ 세부 기술수준의 비중을 수치화하여 핵심기술과 세부기술을 파악할 수 있으며 상세내용은 표 3-2, 3-3을 참조

표 3-2 수소 분야 핵심기술과 세부기술의 국내 기술 수준

분야	핵심기술	비중 (%)	국내 수준 (%)	세부 기술		비중 (%)	국내 수준 (%)
				No.	기술명		
수소	물분해 수소제조 기술	20	42.1	1	열화학적	25	42.3
				2	생물학적	25	34.8
				3	광전자촉매	25	35
				4	전기분해	25	57.3
	화석에너지 이용 수소제조 기술	25	59.8	5	천연가스 직접분해	25	62.4
				6	천연가스 촉매분해	25	61.2
				7	중유 부분산화	25	58.1
				8	석탄가스화	25	57.5
	수소저장 기술	25	47.8	9	고압기체저장	35	61.6
				10	저온액화기술	10	46.1
				11	수소저장합금	30	43.6
				12	탄소나노재료	25	36.4
	수소 스테이션	30	57.4	13	개질기 설계 및 제작	30	60.6
				14	PSA	20	59.1
				15	컴프레샤	10	58.6
				16	저장용기	20	58.4
				17	디스펜서	10	48.1
				18	운전기술	10	55.1
	계	100	-				

* 수소 분야의 국내 기술 수준은 52.3%

표 3-3 연료전지 분야 핵심기술과 세부기술의 국내 기술 수준

분야	핵심기술	비중 (%)	국내 수준 (%)	세부 기술 No.	세부 기술 기술명	비중 (%)	국내 수준 (%)
연료전지	MCFC	30	69.2	19	구성요소제조	25	71.7
				20	분리판	15	69.9
				21	스택제작 및 운전	20	72.2
				22	연료개질기제작 및 운전	15	71.1
				23	BOP	15	66.9
				24	플랜트기술	10	70.3
	SOFC	20	55	25	구성요소제조	20	60.4
				26	대면적화	15	52.7
				27	분리판연결재료	15	53.6
				28	밀봉	15	55
				29	스택 제조	25	55.8
				30	시스템 운전	10	59
	PEMFC	35	69	31	MEA 제조	20	72.2
				32	고분자막 원천기술	15	52.8
				33	분리판 설계 및 제작	15	74.9
				34	자동차용 BOP	10	72.3
				35	가정용 BOP	10	70.1
				36	개질기	10	69.8
				37	스택조립기술	10	79.9
				38	시스템 기술	10	79.4
	DMFC	15	67.8	39	촉매설계	10	64.8
				40	MEA제조	30	68.7
				41	스택 제조	30	72.6
				42	BOP	20	65.1
				43	시스템 구성 및 패키징 기술	10	70.3
	계	100	-				

* 연료전지 분야의 국내기술수준은 64.8%

○ 설문조사 결과, 4개 기술 중 MCFC, PEMFC, DMFC분야 기술수준은 상대적으로 높은 반면 SOFC는 상대적으로 낮음

- 현재 기업이 참여하여 실증 중이거나, 이미 상용화된 기술에서는 기술수준 및 국산화율에서 높게 나타남

○ 물분해 수소제조 기술 중 전기분해 기술(57.3%)의 기술수준이 가장 높은 것으로 나타남

- 열화학적(42.3%), 생물학적(34.8%), 광전자촉매(35%)분야는 기술 수준이 상대적으로 낮은 것으로 나타나, 이 부분에 대한 연구개발에 투자가 필요함

○ 화석에너지이용 수소제조 기술에서는 과거부터 기술이 계속 축적된 만큼 천연가스 직접분해(62.4%), 천연가스 촉매분해(61.2%), 중유부분산화(58.1%), 석탄가스화(57.5%) 등 세부기술에서 높은 수치로 나타남.

○ 수소저장기술 중 고압기체저장(61.6%) 기술에서는 높은 수치가 나타났으나, 저온액화기술(46.1%), 수소저장합금(43.6%), 탄소나노재료(36.4%)기술에서는 저조한 수치를 보임

○ 수소스테이션 기술은 국내 에너지 업계에서 연구개발을 하고 있는 것이 반영되어 전체적으로 높은 수치(기술평균 57.4%)를 나타냄

○ 연료전지 부분에서는 MCFC의 경우 과거부터 기술 축적이 있는 만큼 전체적으로 높은 수치를 나타내었으나, BOP분야와 소재부분에서 연구개발 가속화를 필요로 한다는 것을 예측할 수 있음

○ SOFC의 경우 연료전지 4개 기술 분류 중 가장 낮은 기술수준으로 조사되었으며, 이는 시스템 기술 및 소재기술의 국내기술의 부재를 나타냄

○ PEMFC 기술은 가장 국내에서 가장 활발하게 기술 진척이 있음을 나타내고 있으며, 이는 가정용, 수송용 모니터링 사업등 정부의 강력한 지원과 기업의 상업화의지로 인해 전반적인 기술수준이 상향된 것으로 보임

- 다소 저조하게 나타난 핵심원천기술부분은 정부 및 기업에서 추가적인 지원이 필요

○ DMFC의 경우 시스템 기술면(70.3%)에서는 상대적으로 높은 수치를 나타내었으나, 동 기술도 PEMFC와 마찬가지로 핵심소재기술에서 좀더 연구개발 가속화가 필요함

3. 국산화율 분석

○ 국산화율은 수소·연료전지 분야 설비 및 시스템 중 국내 기업이 설계, 생산, 제작이 가능한 비율로 정의하여 설문조사를 실시하였음

표 3-4 핵심기술의 선진국 대비 국산화율

핵심기술	비중(%)	국산화율(%)	
		설계	제작/생산
물 분해수소제조	20	15.0	48.5
화석에너지이용 수소제조	25	25.0	58.7
수소저장	25	40.0	50.8
수소 스테이션	30	40.0	50.9
합계	100	31.25	52.35
MCFC	30	67.6	62.2
SOFC	20	54.6	48.8
PEMFC	35	73.9	68.7
DMFC	15	68.8	65.0
합계	100	66.8	62.2

- ○ 국산화율 설문조사도 전반적으로 국내 기술수준과 비슷한 경향을 보임
- ○ 연료전지 부분은 평균적으로 60% 수준의 국산화율을 보이나, 수소 분야는 각 세부요소 기술별로 저조한 수치를 나타냄.
- ○ 수소분야 중 상용화에 가장 근접한 기술인 수소스테이션, 고압저장 탱크 등의 국산화율 증대 연구를 우선 추진하여 전반적인 국산화율 증대를 도모
- ○ 연료전지 분야의 제작/생산 부문의 국산화율 증대를 위해 부품 국산화 등 BOP 기술개발이 추가적으로 요구됨.

4. 기술개발 추진의 장애요인

- ○ 중장기 기술개발 추진 시 가장 크게 예상되는 장애요인 조사에서는 1순위와 2순위를 선정하도록 하였으며, 순위선정에서는 1순위에 가중치 1, 2순위에 가중치 0.7을 주어 계산하였음

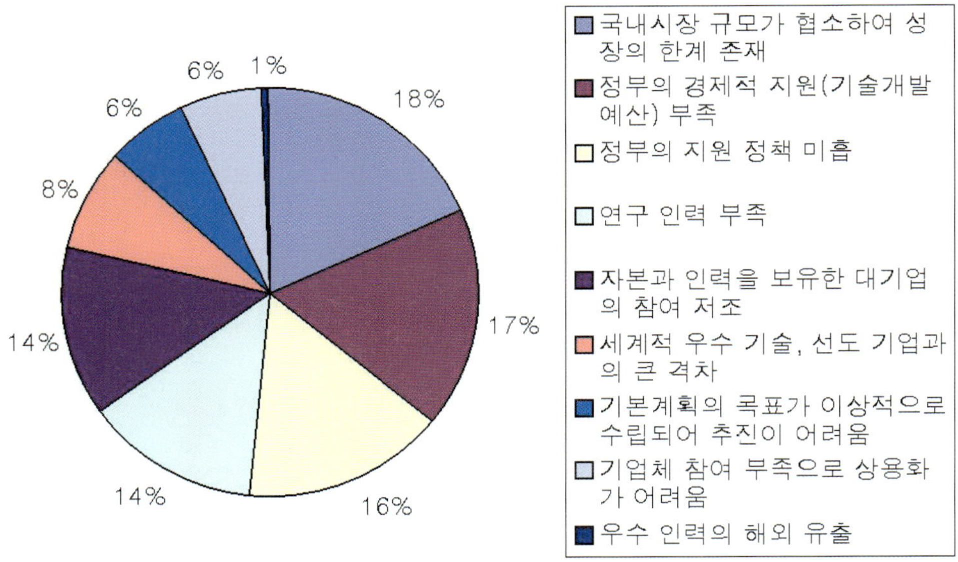

그림 3-1 기술개발 추진의 장애요인

○ 장애요인 1, 2, 3위로는 국내시장규모 협소, 정부의 지원예산 부족, 정부 지원정책 등이 유사한 비율로 나타남.

○ 다음 순위로는 연구인력 부족, 대기업 참여부족이 동일한 비율로 나타났으며 기술격차, 이상적 목표 수립, 기업체 참여 부족 등의 순서로 조사됨.

○ 전반적으로 정부정책 측면 및 상용화를 주도할 기업체 참여 부족 등이 장애요인으로 지적되고 있음.

5. 설문조사 결과 종합

○ 선진국과의 기술격차는 존재하나 이는 선진국과의 투자규모 및 개발연수의 차이에 기인한 것으로 보이며, 향후 효율적인 투자와 전략적인 기술개발을 통해 기술수준 증대 추진이 가능

○ 수소·연료전지 분야는 단시일 내에 연구성과가 나와 상용화 되는 기술 분야가 아니기 때문에 기업의 과감한 투자가 필요한 실정

○ 기업 투자를 이끌어 내기 위해서는 정부의 일관되고 전략적인 지원이 필요하며, 기술개발 사업뿐만 아니라 시범사업과 모니터링 사업 등에 대한 지원도 확대하는 등 기술수준 및 증대를 위한 국가차원의 노력이 요구됨

IV

수소 · 연료전지 산업화 방안

1. 에너지기술 패러다임의 변화

○ 현재 인류가 당면하고 있는 가장 큰 문제 중의 하나는 에너지 자원의 한계성과 에너지 사용에 의한 환경오염 문제임.

○ 전문가들 조사에 의하면 지구상의 화석연료는 만들어지는 속도에 비해 10만 배 이상이나 빠른 속도로 고갈되고 있으며, 석유 자원의 경우 향후 10년 후에는 공급이 수요를 못 따라가는 때가 올 것이며 이는 석유시대의 종말을 예고하는 것임.

○ 이러한 이유로 선진국들은 지난 70년대 두 차례 석유파동을 거치면서 석유를 대체할 새로운 에너지개발, 특히 신・재생에너지 기술개발에 많은 노력을 해왔으며, 신・재생에너지 분야 중 수소에너지가 최근 각광을 받고 있음.

○ 수소는 전기와 같이 다른 에너지원으로부터 얻어지는 2차 에너지원이지만 지구상에 존재하는 풍부한 물로부터 제조될 수 있어 자원의 제약이 없고, 연소생성물이 물 밖에 없는 청정연료임.

○ 그러나 수소는 자연에 독립적으로 존재하지 않고 다른 원소와 화합물 형태로만 존재하고 있기 때문에 수소를 생산하기 위해서는 추가로 에너지를 투입하여야 함. 따라서 제조방법에 따라서는 생산된 수소에너지 가치보다 투입된 에너지의 가치가 더 커서 경제성이 떨어지는 문제가 있음.

○ 수소를 생산하는 방법은 크게 화석연료로부터 생산하는 방법과 대체에너지원을 이용하여 물로부터 생산하는 방법이 있음.

○ 태양광, 풍력, 광촉매, 바이오 등과 같이 재생 가능한 무공해 대체에너지원을 사용하여 물로부터 수소를 추출하는 방법이 이상적이지만, 아직까지는 효율이 낮고 경제성이 없기 때문에 크게 활용되지 못하고 있는 실정임.

○ 따라서 현재는 석유, 천연가스, 석탄 등과 같이 화석연료로부터 수소를 생산하는 방법이 경제적임. 이 경우 기존의 동력변환 장치에 수소를 직접 사용하는 경우보다 에너지 효율이 높은 연료전지를 사용함으로써 수소를 생산하는 과정에서 야기되는 에너지 변환 효율저하를 극복할 수 있음.

○ 연료전지 발전기술은 미래 에너지 경제 구도에서 풍력, 태양에너지 등과 같은 자연 에너지의 수급 상 불균형을 가장 경제적으로 조절, 보완할 수 있는 전력산업용 에너지 기술이며, 또한 자동차 동력원 및 휴대전원용 등 그 응용 범위가 매우 넓어 향후 에너지 시장을 주도할 대표적 기술로 평가됨.

○ 즉 연료전지 기술은 수소를 가장 효율적으로 활용할 수 있는 수소이용기술임. 불의 발

견으로 시작된 인류의 역사는 나무에너지 시대를 거쳐, 석탄을 에너지원으로 한 동력원으로 증기기관이 개발되어 산업 혁명이 이루어졌고, 석유시대에는 내연기관이 개발되어 20세기의 산업발전을 주도 하였듯이, 향후에는 연료전지 발전기술이 상용화되어 환경친화적이고 지속가능한 에너지 사회가 될 것임.

2. 단계별 추진전략

1단계 - 연구개발 및 실증단계(2007~2012)

○ 제1단계는 정부가 "제2차 신·재생에너지 기술개발 및 이용·보급 기본계획"에서 제시한 수소·연료전지분야 보급 목표년도인 2012년까지로 함.

○ 괄목할만한 연구 성과가 기대되며, 또한 수소·연료전지 분야 실증연구사업이 본격화되고 정부가 설정한 보급 목표를 달성해야 하는 단계임. 국내 기술 수준을 국제 경쟁력이 있도록 한 단계 높일 기회로 활용되어야 함.

○ 연료전지 분야의 경우 기술의 신뢰성 향상 및 제조단가 저감에 연구 개발이 집중되어야 하며 수소의 경우 신·재생 에너지원으로부터 수소 제조 및 수소저장 연구에 많은 기술개발이 이루어져야 함

○ 1단계는 연구개발 및 실증단계로 2단계에서 본격적 연료전지 보급이 가능하게끔 연료전지의 시스템 가격을 적정선까지 낮추는 단계임.

○ 정부가 설정한 보급 목표(표 4-1)는 현재의 국내외 기술 및 연료전지 시스템 가격을 감안할 때 달성하기 어려울 것으로 판단됨.

○ 1단계에서는 무리한 보급 정책 보다는 연구개발의 가속화 및 개발제품의 실증에 주력하여야 할 것임.

표 4-1 수소·연료전지 보급 목표

구분	1단계('03～'05) 기술개발 및 신뢰성 확보	2단계('06～'08) 실증 적용	3단계('09～'12) 시장진입 및 확대
수소 스테이션	1	10	50
분산전원	누적 300기(250～1,000kW)		
건물용(상업용)	누적 2,000기(10～50kW)		
가정용	누적 10,000기(3kW 이하)		
수송용	승용차 10 버스 -	승용차 150 버스 10	승용차 3,200 버스 200
휴대용	핵심 상업화 기술 개발	해당 기업별 사업화	

출처 : 제2차 신·재생에너지 기술개발 및 이용보급 기본계획, 2003.

○ 연료전지 분야의 경우 수명향상, 제조 단가 저감이 반드시 이루어져야 하며 이에 대한 기술별 실행방안 및 Road Map은 본 보고서의 제2부에 정리되었음.

○ 제조 단가 저감 측면에서 많은 연구개발 진보가 있다 할지라도 대량 생산, 핵심 부품기술의 선진화 없이는 목표 달성이 어려울 것임. 이러한 관점에서 기술의 산업화가 이루어지기까지는 정부의 발전차액 보조 및 우선구매 등을 통한 지원정책이 효율적으로 선행되어야 할 것임.

○ 수소·연료전지 분야 스택 및 시스템 외 주변기술, 즉 부품기술의 선진화 없이는 산업화 시기가 지연될 수밖에 없음. 해당 기술별로 부품 및 주변기술의 선진화를 위한 방안이 수립되어야 할 것이며 이를 종합하는 검토가 이루어져야 할 것임.

○ 수소·연료전지 분야 기술의 산업화는 어떻게 보면 가깝고도 멀다고 할 수 있음. 특히 수명향상 및 가격 저감 목표 달성을 위해서는 장기적 측면의 기술의 breakthrough가 필요한 측면이 있음. 수소 분야의 경우 신 재생에너지원으로부터 수소제조기술, 수소저장기술을 들 수 있고, 연료전지 분야는 고분자 막 및 분리판, 촉매소재 등의 기술 개발이 필수적임. 이러한 측면에서 연구개발과 산업화 기술개발이 병행되는 시스템이 구축되어야하고 진정한 산·학·연·관 파트너십이 요구됨.

○ 수소·연료전지 분야가 유망기술이며 기대효과가 크며 또한 에너지기술 패러다임을 바꾸는 기술로 각광 받고 있으나 이윤을 추구하는 기업의 입장에서 판단할 때 수소·연료전지 분야는 아직은 장기 과제임. 한편, 국가차원에서 수소·연료전지 분야는 기술개발 속도를 가속화하여 산업화를 앞당길 필요가 있는 분야임. 이러한 차원에서 기업이 아직

은 이윤추구가 어려운 이 분야에 적극 참여 할 수 있는 정부의 incentive 정책을 검토할 필요가 있음. 특히 중소기업의 경우는 더욱 그러함.

○ 매우 공격적인 연구개발 및 실증 연구사업이 필요하며, 이에 덧붙여 외국기술의 중간도입 등 선진기술 습득을 장려하는 정책 도입 검토 필요.

○ 1단계에서 연구개발 및 실증, 정책보조가 원활히 수행될 경우 다음과 같은 시나리오가 예상됨.

- 연료전지 자동차의 경우(표 4-1)에서 제시한 보급 목표에 못 미치는 1,000대 정도의 승용차 및 버스가 운행될 것임. 이러한 목표가 달성될 경우 연료전지승용차 경우 차량가격이 현재의 7~8억 원에서 1.5억 원까지 낮출 수 있으리라 예측됨.
- 다만 연료전지 차의 가격 경쟁력이 연구개발 측면에서 상당히 극복되었다고는 하지만 대량생산 및 부품산업의 활성화 이전 단계이기 때문에 연료전지 차의 주 고객은 정부 또는 공공부문의 우선 구매 형식이 주일 것임.

○ 수소스테이션의 실증 및 운영은 규모면에서 상용이 아닌 시범 운행 연료전지 차 수소공급용이 예상되며, 수소 제조는 상당부분 천연가스, 프로판, 납사 등의 화석 연료로부터 제조하는 현지 설치형이 주류일 것임. 물의 전기 분해를 이용한 수소제조와 연계된 수소충전소도 일부 실증 시험하게 될 것임.

○ 가정용 연료전지의 경우 현재 kW당 8,000만 원 정도의 제조단가를 1,500만 원까지 낮출 수 있느냐의 여부가 매우 중요. 목표달성을 위해서는 핵심부품 및 BOP의 국산화 여부 및 모니터링 사업 등을 통한 최소한의 보급 물량을 정책적으로 지원하여야 할 것임. 1단계가 끝날 무렵에는 고체산화물 연료전지를 이용한 가정용 연료전지 및 고분자 연료전지를 이용한 상업용 연료전지 실증사업이 진행되리라 예측됨.

○ 발전소 연료전지의 경우 내부개질형 용융탄산염 연료전지를 중심으로 일부 보급이 형성될 것임. 보급대상제품은 미국 FCE사의 스택본체와 POSCO의 BOP들이 결합된 형태로 시작되어 1단계 후반부터는 국산 고유모델 스택의 실증, 보급으로 진행될 전망임. 보급수량은 미국 FCE 스택본체 가격절감 정도, POSCO 생산 BOP 가격경쟁력, 국산 고유모델의 스택 본체 완성도 등에 따라 결정될 것임.

○ 휴대용 연료전지의 경우 산업화 성공여부가 1단계에서 결정될 것임. 마이크로 개질기와 연계된 고분자 연료전지 및 메탄올 연료전지가 병행체제로 연구개발 대상임. 고분자 연료전지의 경우 경박 단소한 수소 발생기 제작 여부가 주요 이슈이며, 메탄올 연료전지의 경우 메탄올을 수소 대신 주입할 경우 발생되는 기술적 단점을 극복하는 것이 관건임. 1단계 초기에는 상기 기술의 병행 연구를 정부주도로 하되 산업화 가능성 등을 감안하여

기업주도 연구개발로의 전환 여부가 검토될 것임.

○ 수소·연료전지 분야 신사업 확대에 대비하여 수소의 안전 문제, 수소제조, 저장, 운반, 수소 충전소, 연료전지 자동차, 발전용 연료전지, 휴대용 연료전지 등 포괄적 표준화 작업이 이루어질 것이며 국가 간 표준화 이슈에 대비할 것임.

○ 수소제조, 저장, 운송, 이용, 타 대체에너지 기술을 종합적으로 연계할 실증 연구가 기획되고 수행되어 보급 활성화에 기여하는 계기가 마련될 것임(Power Park 등).

2단계 – 연료전지 시장형성기(2013~2020)

○ 2단계는 수소·연료전지 전 분야의 기술 개발이 성숙단계에 도달할 것이며 연료전지 분야는 발전용, 수송용, 가정용 모두 대량생산 체제를 갖춤으로써 본격적인 제조단가 절감이 이루어져 연료전지 산업 및 시장이 형성되는 단계임.

○ 수소 생산과 저장 분야에서도 상당한 기술 진보가 이루어져 가격 경쟁력을 보유하게 될 것임. 여전히 수소생산은 천연가스 등 화석연료가 주가 될 것이며 석탄가스, 원자력에너지, 신·재생에너지원으로부터 수소생산 기술이 시장을 개척하게 될 것임. 수소 운송에 대한 여러 방법이 자리매김하게 될 것이나 구체적 시나리오는 수소 제조원, 저장기술 진보에 따라 결정될 것임.

○ Power Park 또는 수소충전소가 수소 운송 수단의 중요한 역할을 할 것이며 풍력, 태양광 기술과 연계된 수소 제조 기술이 실증, 보급단계에 이를 것임.

○ 중앙정부와 지방자치단체의 설비 및 건물 등이 수소·연료전지 분야 시장을 형성하는데 중요한 역할을 할 것임. 연료전지 차량의 경우에도 시장 형성 초기에는 공공성을 띠는 곳에서부터 보급이 시작될 것임.

○ 수소·연료전지 기술의 상당 부분이 군수용에 적용되기 시작할 것임(군수용차량, 함정 등 이동전원).

3단계 – 연료전지 시장확대기(2021~2030)

○ 정부의 지원 정책이 최소화된 상태에서 연료전지의 경우 본격적 시장이 시작됨. 수송용의 경우 연료전지 버스가 본격적으로 도입되며 정부, 공공부문 차량에서 민수용으로 시장이 형성되기 시작함. 발전부문 역시 공공시설뿐만 아니라 민수부문 가정, 상업용에 이

용되기 시작하며 새로이 건설되는 화력 발전소 및 생산되는 자동차에 연료전지가 우선 고려될 것임.

○ 수소의 경우, 기술의 진보 및 화석연료의 가격상승에 의하여 가격경쟁력을 갖게 되며 연료전지 수요 증가에 따라 시장이 확대될 것임. 대체에너지원으로부터 수소생산 시장이 화석에너지원으로부터 수소제조와 비교하여 경쟁력을 갖기 시작할 것임. 수소저장 측면에서는 금속저장기술이 보편화되어 다용도로 응용이 가능할 것이며 본격적 수소인프라가 구축될 것임. 나노 기술에 의한 수소 저장 기술에도 획기적 진보가 이루어져 산업이 형성되기 시작할 것으로 예측됨.

3. 산업화 비전

친환경 수소 · 연료전지 강국 건설

에너지 자립도 제고

H_2FC

신성장 동력 산업 — 환경 개선

■ **연료전지 시장 확대 단계(~2030)**

• 민간 기업 주도 연료전지 시장 자립화 및 확대기
(수송용, 발전용, 가정/상업용, 휴대용)

■ **연료전지 시장 형성 단계(~2020)**

• 연료전지 기술의 본격적 보급시기
• 연료전지 승용차 50,000대(차량가격 6,000만 원)
• 수소충전소 500기 운영
• 가정용 연료전지 10만기(가격 500만 원/㎾) 및 상업용 연료전지 2000기(가격 400만 원/㎾) 보급 : 2015년 기준
• 발전용 연료전지 1000MW(가격 160만 원/㎾) 보급 : 2015년 기준

■ **연구개발 완성 및 실증단계(~2012)**

• 연료전지 신뢰성 확보 및 가격 저감 단계
• 연료전지승용차 500대(차량가격 3억 원) 및
• 연료전지버스 20대(차량가격 16억 원) 실증 및 보급
• 수소충전소 10기 운영
• 가정용 연료전지 10,000기(가격 1,000만 원/㎾) 및 상업용 연료전지 80기(가격 1,000만 원/㎾)
• 발전용 연료전지 400MW(가격 250만 원/㎾)보급

4. 연구개발 추진과제 현황

● 진행 과제(2007년 10월 기준)

분야	세부 분야	과제명	사업주관기관 (수행책임자)	총사업 기간	사업 구분
수소	제조	소형열병합 연료전지 연계형 연료처리 시스템 개발	GS퓨얼셀(주) (황정태)	'06~'09 (3년)	프로젝트
		고온 수소분리용 다공성 세라믹 멤브레인 개발	요업기술원 (김영희)	'05~'07 (2년)	선행
		탄화수소 촉매분해에 의한 연속적 수소제조기술 개발	성균관대 (한귀영)	'04~'09 (5년)	프로젝트
	저장	고분자가 표면에 결합된 다공성 무기입자를 이용한 수소저장 매개체 개발	한양대 (오성근)	'06~'08 (2년)	선행
		연료전지차량용 고압수소저장 시스템 개발 및 실증	현대자동차(주) (안병기)	'06~'09 (3년)	프로젝트
		탄소나노튜브 이용 수소저장 기술개발	전북대 (남기석)	'04~'09 (5년)	프로젝트
	수소 스테이션	수소스테이션용 다이어프램 압축기 개발	광신기계공업㈜ (권병수)	'06~'09 (3년)	프로젝트
		30Nm^3/hr급 수소스테이션 건설 및 실증연구	가스공사 (이영철)	'04~'08 (4년)	실증연구
		액체연료를 이용한 수소스테이션 건설 및 실증연구	GS칼텍스 (신현길)	'04~'08 (4년)	실증연구
		수소스테이션 국산화 기술 개발	(주)SK에너지 (신동현)	'04~'09 (5년)	프로젝트
		수소 스테이션용 디스펜서의 국산화 기술 개발	(주)덕양에너젠 (이택홍)	'04~'07 (3년)	프로젝트
	정책/기획	수소・연료전지 안전성 연구	가스안전공사 (김영규)	'06~'09 (3년)	프로젝트

분야	세부 분야	과제명	사업주관기관 (수행책임자)	총사업 기간	사업 구분
연료 전지	모니터링 사업	가정용 연료전지 모니터링 사업	가스공사 (홍성호)	'06~'09 (3년)	실증 연구
		수소연료전지자동차 모니터링 사업	현대자동차(주) (임태원)	'06~'09 (3년)	실증 연구
	가정/ 상업용 연료전지	5kW급 열병합 고체산화물 연료 전지 발전시스템 개발	한국전력공사 (유영성)	'06~'10 (4년)	프로 젝트
		10kW급 상업용 고분자 전해질 연료전지 시스템 개발	(주)퓨얼셀파워 (홍병선)	'06~'09 (3년)	프로 젝트
		고분자 연료전지용 분리판 국산화 기술 개발	한국타이어 (김정헌)	'04~'07 (3년)	프로 젝트
	수송용 연료전지	소형카트형 연료전지 하이브리드 시스템 개발	(주)프로파워 (황상문)	'06~'09 (3년)	프로 젝트
		버스용(200㎾급) 고분자 연료전지 시스템 개발	현대자동차(주) (임태원)	'05~'10 (5년)	프로 젝트
		자동차 구동용 80㎾급 PEMFC 발전모듈 개발	현대자동차(주) (임태원)	'04~'09 (5년)	프로 젝트
		보조전원(APU)용 고체산화물 연료전지(SOFC) 발전시스템 개발	에기연 (신동열)	'04~'07 (3년)	프로 젝트
	발전용 연료전지	고효율 300kW급 내부개질형 MCFC 스택 및 시스템 국산화 기술 개발	두산중공업㈜ (이태원)	'07~'10 (3년)	프로 젝트
		표면개질에 의한 SOFC의 anode용 고성능 modified NiO/YSZ 복합분말 제조방볍 개발	과기연 (임경란)	'05~'07 (2년)	선행
	휴대용 연료전지	모바일기기용 마이크로 연료전지 시스템 개발	삼성전기(주) (장재혁)	'05~'08 (3년)	프로 젝트
		노트북 PC용 50W급 PEMFC 시스템 개발	삼성SDI(주) (신순철)	'04~'07 (3년)	프로 젝트
	기타	고체알카리연료전지를 위한 음이온 교환막 및 전극-전해질접 합체 개발	에기연 (박진수)	'06~'08 (2년)	선행

종료 과제(2007년 10월 기준)

분야	세부 분야	과제명	사업주관기관 (수행책임자)	총사업 기간	사업 구분
수소	제조	고순도 수소 제조용 내구성 치밀질 세라믹 멤브레인 제조기술 개발	요업기술원 (황광택)	'03~'05 (2년)	선행
		실리카/다공질 탄소 복합체를 이용한 중공사형 수소분리막 모듈 개발	에어레인 (하성용)	'03~'06 (3년)	일반
		대체전원을 이용한 수소의 제조와 이용시스템 기술개발	에기연 (심규성)	'00~'02 (3년)	일반
		희토류계 합금을 이용한 고순도 수소 분리 정제시스템 개발	에기연 (김태환)	'99~'01 (3년)	일반
		H_2S 광변환에 의한 수소제조 기술 개발	화학연 (문상진)	'98~'00 (3년)	일반
		전기방전법을 이용한 물의 분해에 의한 수소제조기술 개발	아주대 (이웅무)	'95~'97 (3년)	일반
		태양광에 의한 물에서 수소와 산소 제조	경북대 (박용태)	'94~'97 (4년)	일반
		반도성 세라믹 전극을 이용한 물의 광분해에 의한 수소제조	연세대 (윤기현)	'93~'95 (3년)	일반
	저장	전이금속 산화물 나노튜브를 이용한 고효율 수소저장기술 개발	기초과학 지원연구원 (이해성)	'04~'06 (2년)	선행
		고밀도 수소저장을 위한 나노 기공 탄소 나노섬유막 연구	과기연 (이화섭)	'00~'02 (2년)	선행
		수소저장 합금을 이용한 자동차용 고성능 냉방기 개발	과기원 (이재영)	'98~'00 (3년)	일반
		수소 액화 및 저장 시스템 개발	과기연 (강병하)	'96~'98 (2년)	일반
		제올라이트를 이용한 수소의 분리 저장 기술개발시스템 개발	경북대 (허남호)	'95~'97 (3년)	일반
		수소 자동차용 수소연료 저장 시스템 개발에 관한 연구	과기원 (이재영)	'92~'94 (2년)	일반

분야	세부 분야	과제명	사업주관기관 (수행책임자)	총사업 기간	사업 구분
수소	기타	브라운가스 이용시스템 실증연구	베스트코리아 (김상남)	'02～'03 (1년)	실증 연구
		수소-천연가스 중대형 동력시스템 이용 기술 개발	(주)엔지브이텍 (김종우)	'02～'05 (3년)	일반
		수소자동차용 고출력 고효율의 이중 분사식 수소기관 개발에 관한 연구	성균관대 (이종태)	'98～'00 (3년)	일반
		금속-수소 반응열을 이용한 자동차용 냉난방기 개발에 관한 연구	과기원 (이재영)	'95～'97 (3년)	일반
		고속 충방전용 니켈-수소 2차전지 요소기술개발	전남대 (박충년)	'93～' 94 (3년)	일반
	수소 스테이션	천연가스로부터 대량 수소 제조 및 수소저장 기술개발	가스공사 연구개발원 (백영순)	'01～'06 (5년)	일반
	정책/기획	파워 파크(Power Park) 조성을 위한 기획 연구 사업	에기연 (김창수)	'04～'05 (1년)	실증 연구
연료 전지	가정/ 상업용 연료전지	2㎾급 가정용 고분자 연료전지 시스템 실증연구	대구도시가스(주) (박문희)	'04～'06 (2년)	실증 연구
		1㎾급 가정용 고분자 연료전지 시스템 실증연구	(주)퓨얼셀파워 (홍병선)	'04～'06 (2년)	실증 연구
		1.5/3㎾급 가정용 연료전지시스템 실증연구	(주)GS퓨얼셀 (황정태)	'04～'06 (2년)	실증 연구
		모듈형 Compact 연료전지 주변장치(Balance of Plant, BOP) 설계 기술 개발	LG전자(주) (류성남)	'04～'06 (2년)	프로 젝트
		5kW급 고분자 전해질 연료전지 시스템 실증연구	가스공사 (박달영)	'03～'06 (3년)	실증 연구
		1kW급 중온형 고체산화물 연료 전지(SOFC) 모듈 및 시스템 개발	전력연구원 (유영성)	'03～'06 (3년)	일반
		3kW급 가정용 고분자 전해질 연료전지 열병합발전 시스템 개발	GS퓨얼셀 (황정태)	'01～'04 (3년)	중점
		50kW급 인산형 연료전지 발전 시스템 시제품 제작 및 운영기술 확보	LG-Caltex정유 (노중석)	'00～'02 (2년)	일반
		주택용 고분자 연료전지 5㎾급 실용화	에기연 (김창수)	'99～'01 (2년)	일반

분야	세부 분야	과제명	사업주관기관 (수행책임자)	총사업 기간	사업 구분
연료 전지	가정/ 상업용 연료전지	5㎾급 고체고분자 연료전지 시스템 개발	에기연 (김창수)	'96~'98 (3년)	G7
		인산형 연료전지 50㎾급 스택제조 및 운전기술 개발	LG Caltex정유 기술연 (노중석)	'94~'99 (5년)	G7
		1kW급 고분자전해질형연료전지 (PEMFCZ)스텍 개발	가스공사연 (고영태)	'94~'95 (2년)	N.P
		인산형 연료전지용 단위전지 요소 기술 개발	에기연 (신동열)	'93~'97 (3년)	G7
		인산형 연료전지용 전극제작 및 응용	한양대 (이주성)	'90~'92 (3년)	N.P
		연료전지용 전극제조에 관한 연구	연세대 (이태희)	'90~'92 (3년)	N.P
		승압형 DC-DC 변환기술	서울대 (박민호)	'89~'91 (2년)	N.P
		GTO를 이용한 연료전지용 직류-교류 전력변환기 개발	충남대 (성세진)	'89~'92 (3년)	N.P
		실리콘계 태양광 및 인산형 연료전지발전시스템의 직류/교류 변환기개발	LG산전(연) (최호현)	'89~'92 (3년)	N.P
		인산형 연료전지용 연료개질 시스템의 개발	(주)유공연 (정현종)	'89~'92 (3년)	N.P
		연료개질기 개선연구	경북대 (김동현)	'89~'92 (3년)	N.P
		인산형 연료전지 스택제조 기술 개발	호남정유연 (성준용)	'89~'92 (4년)	N.P
	발전용 연료전지	SOFC 인터코넥터용 내산화성 고전도율 삼원탄소화합물 개발	과기연 (김창삼)	'04~'06 (2년)	선행
		250㎾급 용융탄산염 연료전지 (MCFC) 발전시스템 실증연구	(주)포스코파워 (김태형)	'04~'07 (3년)	실증 연구
		100㎾급 외부개질형 용융탄산염형 연료전지 시스템 개발	전력연구원 (임희천)	'01~'05 (4년)	중점
		원통형 고체산화물 연료전지 기반 기술 개발	에기연 (송락현)	'00~'01 (1년)	선행

분야	세부 분야	과제명	사업주관기관 (수행책임자)	총사업 기간	사업 구분
연료 전지	발전용 연료전지	용융탄산염 연료전지 발전시스템 운용기술 개발	전력연구원 (임희천)	'00~'00 (1년)	G7
		고체산화물 연료전지용 대체전해질에 관한 연구	요업기술원 (최병현)	'98~'01 (3년)	일반
		MW급 인산형 연료전지 시스템 운영 기술 개발	현대중공업 산업기술연 (박동환)	'97~'00 (3년)	G7
		100㎾급 외부개질형 용융탄산염형 연료전지 시스템 개발	전력연구원 (임희천)	'96~'99 (3년)	G7
		5㎾급 내부 개질형 용융탄산염 연료전지 스택 개발	과기연 (임태훈)	'96~'99 (3년)	G7
		2㎾급 용융탄산염형 연료전지 스택 제조기술개발	삼성중공업 중앙연 (정종수)	'95~'96 (1년)	G7
		고체전해질형 연료전지 요소기술 및 스택제조 기술개발	쌍용양회 중앙연 (서일영)	'94~'97 (4년)	G7
		평판일체형 고체전해질형 연료전지의 제조 연구	과기연 (김구대)	'94~'92 (1년)	N.P
		2㎾급 용융탄산염형 연료전지 시스템 개발	전력연구원 (김진중)	'93~'96 (4년)	G7
		연료전지(MCFC)발전 시스템 개발	삼성전자(연) (이주형)	'92~'92 (2년)	N.P
		박막지르코니아 고체전해질 연료전지개발	동서산업(주) (김은옥)	'91~'92 (2년)	일반
		용융탄산염연료전지용 PEROVSKITE TYPE CATHODE 개발 및 성능예측모델 연구	고려대 (전해수)	'90~'91 (2년)	일반
		고체전해질 연료전지 구성 재료의 물성연구	서울대 (유한일)	'90~'92 (3년)	일반
		대체에너지 전원의 계통연계 운전 실용화 기술개발	전기연구소 (김호용)	'90~'92 (4년)	N.P
		용융탄산염 연료전지전극의 제작 및 부식특성연구	한양대 (강성군)	'89~'91 (2년)	일반

분야	세부 분야	과제명	사업주관기관 (수행책임자)	총사업 기간	사업 구분
연료 전지	발전용 연료전지	산화물 고체전해질 연료전지 제조	KAIST (김호기)	'89~'91 (2년)	일반
		용융탄산염 연료전지 기본기술 개발	과기연 (홍성안/박원훈)	'89~'92 (3년)	일반 (한전)
	휴대용 연료전지	미래형 로봇 구동용 연료전지 전원시스템 개발	과기연 (임태훈)	'05~'06 (1년)	실증 연구
		휴대용 50W급 DMFC 시스템 개발	(주)LG화학 (이원호)	'04~'07 (3년)	프로 젝트
		마이크로 채널 반응기를 이용한 소형 이동전원 연료전지용 수소 발생기 개발	에기연 (윤영기)	'03~'05 (2년)	선행
		100W급 직접 메탄올 연료전지 (DMFC)개발	(주)LG화학 기술연구원 (이원호)	'01~'04 (3년)	중점
		독립전원용 직접메탄올 연료전지 기반기술 개발	에기연 (정두환)	'00~'00 (1년)	G7
		고체 폴리머 전해질형 연료전지용 저가, 고효율 기체확산 전극의 개발	포항공대 (김기문)	'93~'92 (1년)	N.P
		SOLID POLYMER ELECTROLYTE를 사용한 연료 전지에 관한 연구	포항공대 (김기문)	'89~'91 (2년)	일반
	정책/기획	고분자 연료전지 성능평가 및 기술기준(안) 작성	과기연 (하흥용)	'04~'06 (2년)	성능 평가
	정책/기획	수소·연료전지 표준화 사업	정밀화학 공업진흥회 (김종철)	'04~'07 (3년)	성능 평가
	기타	연료전지 시스템 예측제어 및 안정화 기술연구	중앙대 (김윤호)	'93~'95 (3년)	N.P

5. 분야별 추진방안

가. 수송용 연료전지

○ 상용화 시점인 2020년 연료전지 자동차 보급목표는 50,000대로 설정하고 차량가격(승용차 기준, 버스 기준) 절감 시나리오 및 단계별 차량 및 수소충전소 보급 시나리오를 표 5-1에 제시하였음.

표 5-1 수송용 연료전지 보급 실행계획

기준: 100kW 승용차		~ 2006 기반기술확보	2007 ~ 2009 기술경쟁력확보 차량실증단계	2010 ~ 2012 상품성확보 실증확대단계	2013 ~ 2015 초기시장형성 한정보급단계	2016 ~ 2020 시장확산단계 양산준비단계
FCS 효율 (LHV)		50%	52%	54%	57%	60%
내구성		1500시간	3000시간	5000시간	5000시간 이상	←
주행거리		300km	400km	500km	600km	600km 이상
차량 가격	승용(/대)	-	6.3억 ~ 5억원	3억원	1.2억원	0.6억원
			정부지원 50%	정부지원 50%	정부지원 30%	정부지원 10%
	버스 (/대)	-	24억 ~ 18억원	16억원	10억원	5억원
			정부지원 50%	정부지원 50%	정부지원 40%	정부지원 10%
충전소	용량		30Nm3/hr	30Nm3/hr	300Nm3/hr	400Nm3/hr
	가격		1억원/Nm3/hr	1억원/Nm3/hr	0.1억원/Nm3/hr	0.07억원/Nm3/hr
	정부지원		50%	100%	70%	50%
정부지원 총액			(모니터링 및 실증사업 기 확정)	1,960억원	6,122억원	22,096억원
		OEM 자체 기술 평가	**모니터링 사업 1단계**	**모니터링 사업 2단계**	**시범운행 1단계**	**시범운행 2단계**
시장 개발		- OEM 자체 평가	# FCV 30대 # FCB 4대 # 충전소 9기 - 수도권, 대전, 제주, 울산, 여수 등 # 목적 - 차량 실도로 평가 - 충전소 실증평가	# FCV 500대 # FCB 20대 # 충전소 10기 (추가) - 지역별 실증확대를 고려한 인프라 구축 - 1 단계 지역을 기준 운행 범위 확대 # 목적 - 공공기관 대상 평가	# FCV 3,000대 # FCB 200대 # 충전소 (20대/기) - 충전소 Network 화 # 대상 - 공공기관 및 일반인 # 목적 - 보급에 필요한 기본 정책 추진방향 기획	# FCV 50,000대 # FCB 1,000대 # 충전소 (500대/기) - Network 확대 # 대상 - 공공기관 및 일반인 # 목적 - 보급에 필요한 정책 상세추진 계획 수립
기술 개발		80kW / 200kW FCS 개발 (~2006 ~ 2012)			차세대 FCS 개발 (2012 ~ 2020)	
			FCS Sub-시스템 모듈화 기술개발 (2007 ~ 2012)		FCS 고성능 및 최적화 기술 개발 (2013 ~ 2020)	
			초고압, 초경량 수소저장시스템 개발 (2007 ~ 2012)		차세대 수소저장시스템 차량 실증 평가 (2013 ~ 2020)	
				연료전지 스택 재료 제조 및 생산기술 (2010 ~ 2015)		
				연료전지차량 부품 가격 저감 및 내구성 향상 기술 개발 (2012 ~ 2020)		
			- 금속분리판 개발 - 운전장치 부품 국산화	- 분리판 양산기술 - 스택 양산기술 개발 - FC 시스템 모듈화	- 고성능 전극막 국산화 - 스택 양산공정 확립 - 시스템 효율 최적화	- 고온, 저가습 대응기술 - 내구품질 향상기술 - 시스템 가격 절감 기술

○ 단계별 추진전략은 다음과 같음.

○ 1단계(2007~2009, 3년) : 기술경쟁력 확보 / 차량실증단계

- 연료전지 발전 모듈 및 시스템 성능 확보, 내구성 : 3000시간, 시스템 출력밀도 : 0.55kW/L
- 연료전지 차량용 전기 동력 및 전력 변환 시스템 성능 개선, 출력 80kW, 출력밀도 0.6kW/kg 이상
- 차량 적용 및 시연 검증: 수소연료전지차 모니터링사업을 통한 시스템 실도로 적합성 평가

○ 2단계(2010～2012, 3년) : 상품성 확보 / 실증확대단계
- 연료전지 발전 모듈 및 시스템 안정성 및 신뢰성 확보, 내구성 : 5000시간, 양산화 기술 확보 : 100,000원/㎾ 이하
- 연료전지 차량용 전기 동력 및 전력 변환 시스템 성능 개선
- 차량 실증사업을 확대하여 공공기관에서의 기술평가를 통한 산업화에 필요한 각종 규제, 법규 등 사회 인프라 정비

○ 3단계(2013～2015, 3년) : 초기 시장형성 / 차량 한정보급단계
- 연료전지시스템 양산공정개발 및 시스템 최적화
- 고온, 저가습에 견디는 고성능 전극막의 국산화를 통한 기반 구축
- 차세대 연료전지시스템 기반기술 구축
- 공공기관과 일반인을 대상으로 연료전지차 한정보급 : 보급 확대에 필요한 기본 정책 추진방향 수립

○ 4단계(2016～2020, 5년) : 시장확산단계 / 양산준비단계
- 내구 품질 확보를 통한 본격 양산 준비
- 양산기술의 최적화를 통한 시스템 가격 절감
- 일반인을 대상으로 연료전지 차 보급량 확대

○ 정부의 지원 보조금은 모니터링 1단계, 2단계에서 50% 수준에서 5만대 보급 사업 목표 연도인 2020년까지 10%까지 떨어뜨리는 것을 목표로 함(표 5-2 참조).

표 5-2 수송용 연료전지 보급사업 소요 예산(금액 단위 : 억 원)

		승용차			버스			수소스테이션		
		댓수	가격	정부지원금 (지원율)	댓수	가격	정부지원금 (지원율)	댓수	가격	정부지원금 (지원율)
모니터링 1단계	2007～2009	30	5.44 (평균)	82 (50%)	4	20.25 (평균)	41 (50%)	9	30	135 (50%)
모니터링 2단계	2010～2012	500	3	750 (50%)	20	16	160 (50%)	10	30	300 (100%)
보급사업 1단계	2013～2015	3,000	1.2	1,080 (30%)	200	10	800 (40%)	20	30	420 (70%)
보급사업 2단계	2016～2020	50,000	0.6	3,000 (10%)	1,000	5	500 (10%)	500	28	7,000 (50%)
계				4,912			1,501			7,855

* 2013년부터는 보급 및 융자사업으로 지원

나. 가정/상업용 연료전지

○ 가정용 연료전지 목표가 산정

- 가정용 연료전지 시스템의 경제성은 제품 가격에 매우 민감하게 반응하며 제품가격이 500만 원 이하로 떨어질 때까지는 보조금 또는 발전차액/가스요금 인하와 같은 제도적인 지원책이 필수적임(표 5-3 참조).

표 5-3 1kW급 시스템 가격에 따른 경제성 평가(단위 : 만 원)

시스템가격 (만 원/kW)	이익/년	회수기간	
		설치보조금 70% 적용시	보조금 지원 없을 경우
1,000	103	2.4년	불가
500	103	1.0년	4.4년
300	103	0.4년	2.4년

- 기본 가정
  - 시스템 효율 : 80%(발전효율 : 35%)
  - 설치 보조금 : 70%
  - 추가 유지 보수비용 : 없음
  - 시스템 수명 : 10년
- 전제 조건
  - 가구당 전기사용량 : 6,012kWh/년(147만 원/년)(501kWh/월)
  - 가스사용량 : 1,583Nm^3/년(101만 원/년)
  - 운전시간 : 24시간/일
  - 전력량 : 100% 대응(추가 전기 요금 없음)
  - 연료비(LNG) : 576.58원/Nm^3

○ 정부의 연구개발 지원, 실증사업 및 보급사업을 통한 지원이 원활히 이루어질 경우 낙관적 산업화 시나리오는 표 5-4와 같음.

표 5-4 가정용 연료전지 보급 실행 계획

연도	보급(대)	목표가격 (백만 원/대)	정부보조금 (백만 원/대)	정부보조금 총액(백만 원)	개인부담금 (백만 원)	비고
2006	40	130	130	5,200	0	제1차 모니터링 사업
2007	70	100	100	7,000	0	
2008	100	80	80	8,000	0	
2009	290	50	50	14,500	0	제2차 모니터링 사업
2010	800	30	30	24,000	0	
2011	2,000	20	14	28,000	6	1만대 보급사업 (정부보조금 75~60%)
2012	6,700	10	6	40,200	4	
2013	15,000	8	4.8	72,000	3.2	10만대 보급사업 (정부보조금 60~40%)
2014	25,000	7	4	100,000	3	
2015	50,000	5	2	100,000	3	
2016	65,000	5	2	130,000	3	정부보조금 최소화
2017	70,000	5	2	140,000	3	
2018	125,000	4	-	-	4	
2019	140,000	4	-	-	4	
2020	300,000	3	-	-	3	
누적	800,000	-	-	668,900	-	-

* 2011년부터는 보급 및 융자사업으로 지원

주 1) 제품가격 인하가 목표치에 달성하는 시점을 2015년으로 설정하였고 그 후 예상되는 보급 및 가격저감 시나리오를 제시하였음.

2) 현재 진행되는 제1차 모니터링 사업이 끝나는 2008년(회계연도 기준) 이후 모니터링 사업을 더 확대하여 제2차 모니터링 실증결과를 토대로 좀더 상업화에 근접한 제품으로 업그레이드하고 더 많은 대수를 제작하여 가격절감을 이루어 보급 사업이 가능토록 하자는 취지임.

3) 모니터링 사업이 완결된 후 1만대 보급사업(2011~2012년), 10만대 보급사업(2013~2015)을 통하여 보급수량을 늘이면서 최종 제품 제조가격 목표치에 도달하는 시나리오임.

○ 2011년부터는 1만 대 보급사업을 시작하되 정부보조금은 70%수준에서, 10만대 보급 사업 목표 연도인 2015년에서는 정부보조금 수준을 40%까지 떨어뜨리는 것을 목표로 함.

○ 상업용 연료전지(5~20㎾급)의 기술개발 흐름은 가정용과 유사하며 보급 실행 계획은 표 5-5와 같음. 상업용 연료전지에 대한 시장 분석은 가정용보다 더 복잡하여, 용량 또는 연료 종류에 따라 다양한 제품군이 형성될 것으로 예상됨.

표 5-5 상업용 연료전지 보급 실행 계획(5㎾급 기준)

연도	보급(대)	목표가격 (백만 원/대)	정부보조금 (백만 원/대)	정부보조금 총액(백만 원)	개인부담금 (백만 원)	비고
2010	10	120	120	1,200	0	모니터링 사업
2011	20	80	80	1,600	0	
2012	50	50	50	2,500	0	
2013	200	32	22	4,400	10	2천대 보급사업 (정부보조금 70%)
2014	600	26	18	10,800	8	
2015	1,120	20	14	15,680	6	
누적	2,000	-	-	36,180	-	-

* 2013년부터는 보급 및 융자사업으로 지원

다. 발전용 연료전지

○ 발전용 연료전지 기술은 선진국의 예에서 알 수 있듯이 막대한 투자와 장기간의 기술개발이 필요한 기술임. 기술후발국인 국내 실정을 고려하여 선진국과의 기술격차를 빠른 시간 내에 극복하기 위해서는 보다 적극적인 연구개발 투자, 전문인력 및 관련사업 인프라 구축을 위한 투자가 절실하며, 또한 외국 선도기업과의 전략상 제휴를 통한 산업화를 유도할 필요가 있음.

○ 발전용으로 사용되고 있는 연료전지는 용융탄산염 연료전지와 고체산화물 연료전지이고 용융탄산염 연료전지는 분산전원으로 활용이 예상되는 내부개질형 타입과 석탄가스화 기술과 연계가 가능한 대용량 중앙 집중 발전에 유리한 외부개질형 타입으로 구분됨.

○ 내부개질형 용융탄산염 연료전지의 국내 개발현황은 다음과 같음.

- 국내 POSCO Power는 미국의 선두 주자인 FCE사와 전략적 제휴를 통한 조기 산업화를

시도하고 있음. 1단계 사업으로 FCE 사의 BOP 생산기술을 활용하여 포항시에 2007년 11월 연 50MW 규모(향후 120MW/년 증설계획)의 BOP 생산 공장 착공을 하였음. 국내기술인 BOP 제품과 FCE 사의 연료전지 stack 본체를 결합한 형태의 내부개질형 용융탄산염 연료전지를 제조하여 국내에 보급할 예정임(표 5-6 참조).

- 한편 내부개질형 용융탄산염 연료전지의 stack 본체를 국산화 하는 연구개발 사업이 올해부터 시작하여 3년 후 완료될 예정임(주관기관: 두산중공업).연구개발 사업이 성공적으로 수행될 경우 국내기술 stack과 POSCO Power의 BOP에 의한 제품으로 보급사업 및 산업화가 이루어질 것임.

표 5-6 용융탄산염 연료전지 보급계획

연도	보급량(MW)[1]		설비단가[2] (만 원/㎾)	발전차액[3] (원)(%)	정부지원금[4] (억 원)
	연간	누적			
2008	10	10	410	282(-)	247
2009	42	52	340	274(3)	1,248
2010	104	156	310	266(3)	3,635
2011	127	283	274	240(10)	5,950
2012	148	431	234	216(10)	8,155
2013	184	615	210	195(10)	10,505
2014	228	843	180	156(20)	11,520
2015	249	1092	160	145(20)	13,871

주 1) POSCO Power의 보급 계획
2) POSCO Power의 가격절감 목표
3) 발전차액 전년도 기준 감액 비율
4) 1000㎾×24hr×365일×282원

○ 표 5-6은 POSCO Power의 내부개질형 용융탄산염 연료전지 보급계획 및 설비단가 저감 시나리오를 요약한 것임. 조기 산업화 유도를 위하여 정부가 발전차액 지원 제도를 적용하여 지원할 경우 소요 정부지원금이 포함되어 있음. 발전차액은 현재 282원/kwh에서 초기 3년은 3%씩 감액, 그 후 32년은 10%씩 감액, 최종 상용화 목표치에 근접한 2년은 20%씩 감액하여 산정하였음.

○ 외부개질형 용융탄산염 연료전지와 고체산화물 연료전지의 경우 상용화 용량 규모의 개발사업이 현재 국가사업 및 POSCO의 내부 프로그램으로 진행되고 있음. 이 경우 대형 발전소 및 향후 IGCC와 연계되는 장기 사업 성격으로 개발 Road map은 다음 장에 제시되었음.

라. 휴대용 연료전지

○ 휴대용 연료전지의 경우 예상과 달리 상업화 지연에 따라 기업에서의 연구의욕이 저하되어 있는 상태이므로, 이를 해소하고 휴대용 연료전지의 상업화에 대한 비전과 가능성을 제시하기 위한 정부주도의 새로운 연구프로그램 중심의 시도가 바람직함.

○ 이를 위해, 현재까지 개발된 제품 중에서 가장 기술수준이 높은 노트북 PC용 연료전지 시스템의 실증사업을 통해 상업화를 지원하면서, 동시에 구성요소 및 주변기기(BOP)에 대한 원천 및 애로 기술개발 사업을 병렬적으로 진행시켜야 함. 연구개발 측면의 개발 Road map은 다음 장에 제시하였음.

6. 실행계획 및 소요예산

동 보고서의 Road Map 관련 예산은 전문가들의 의견을 반영한 것으로서 정부의 예산계획은 아님을 알려드립니다.

1. Road Map 구성은 범 부처(국가 전체) 차원으로 작성되었음.
2. 중기 및 장기 예산계획은 추후 동 보고서의 Up-date시(매 2~3년 단위) 수정 할 계획임.

가. PEMFC(수송용 연료전지)

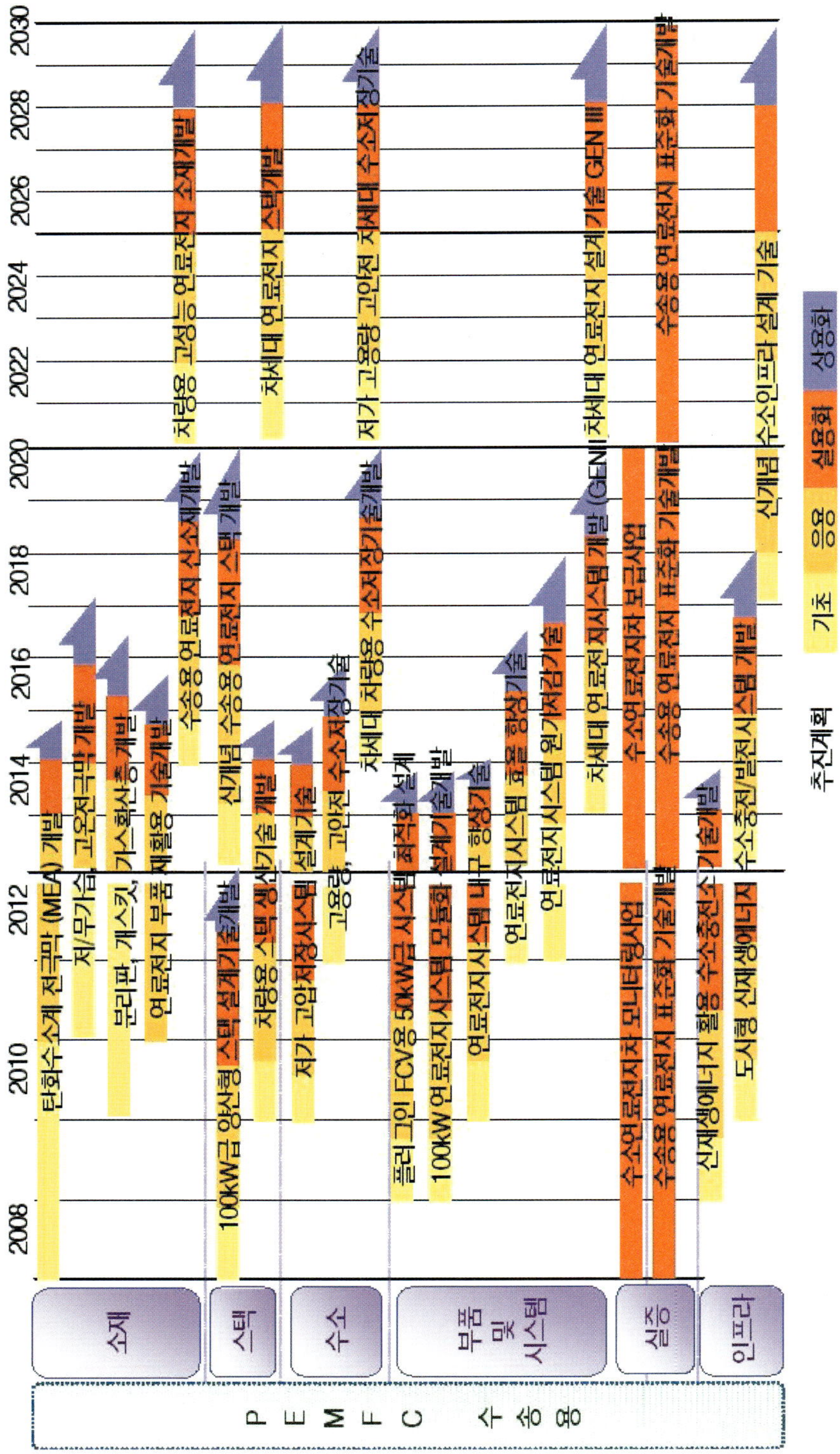

(단위 : 억 원)

대분류	중분류	연도별 소요예산			총
		단기('08～'12)	중기('13～'20)	장기('21～'30)	
수송용	소재	235	425	300	960
	스택	175	290	500	965
	수소	65	290	500	855
	시스템	190	410	1,000	1,600
	실증	1,175	-	-	1,175
	인프라	260	1,600	1,000	2,860
총		**2,100**	**3,015**	**3,300**	**8,415**

* 보급예산 제외

나. PEMFC(가정/상업용 연료전지)

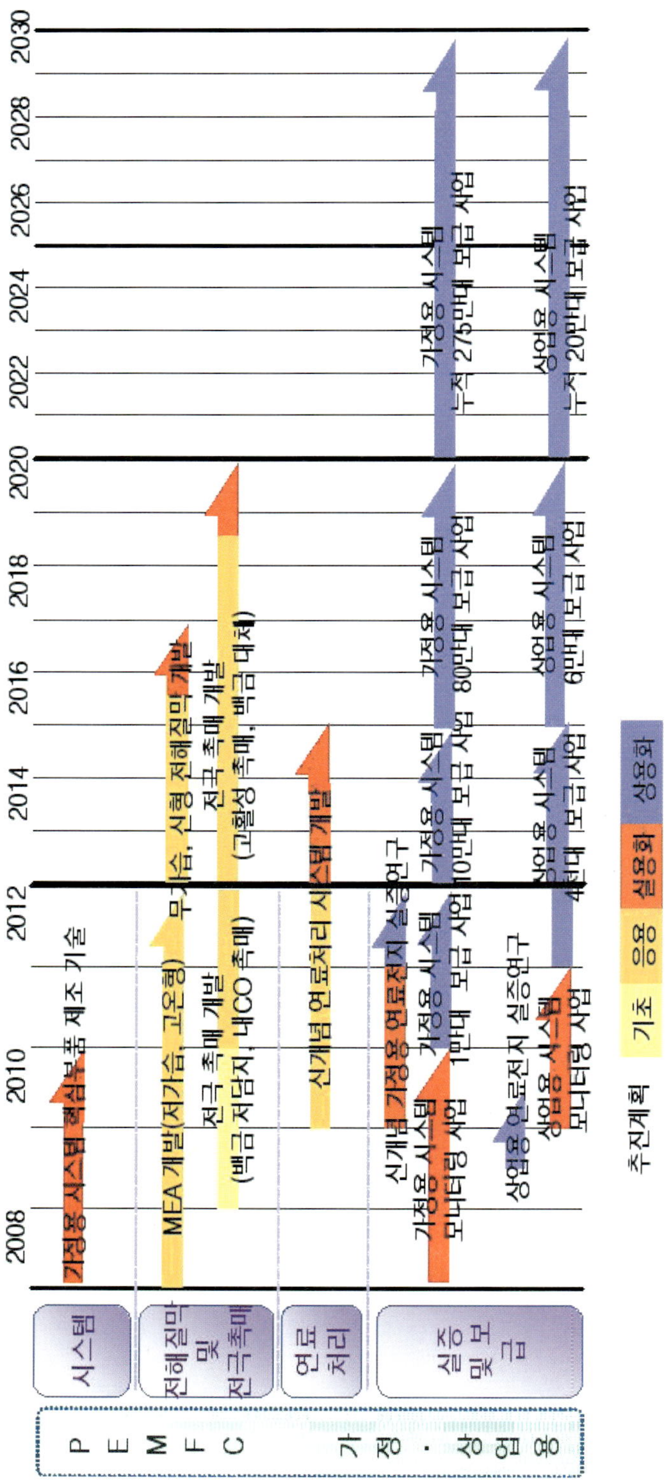

(단위 : 억 원)

<table>
<tr><th rowspan="2">대분류</th><th rowspan="2">중분류</th><th colspan="3">연도별 소요예산</th><th rowspan="2">총</th></tr>
<tr><th>단기('08~'12)</th><th>중기('13~'20)</th><th>장기('21~'30)</th></tr>
<tr><td rowspan="4">PEMFC (가정/상업용)</td><td>시스템</td><td>90</td><td></td><td></td><td>90</td></tr>
<tr><td>전해질막 및 전극촉매</td><td>260</td><td>150</td><td></td><td>410</td></tr>
<tr><td>연료처리장치</td><td>45</td><td>45</td><td></td><td>90</td></tr>
<tr><td>실증</td><td>528</td><td></td><td></td><td>528</td></tr>
<tr><td colspan="2">총</td><td>923</td><td>195</td><td></td><td>1,118</td></tr>
</table>

* 보급예산 제외

다. MCFC(발전용 연료전지)

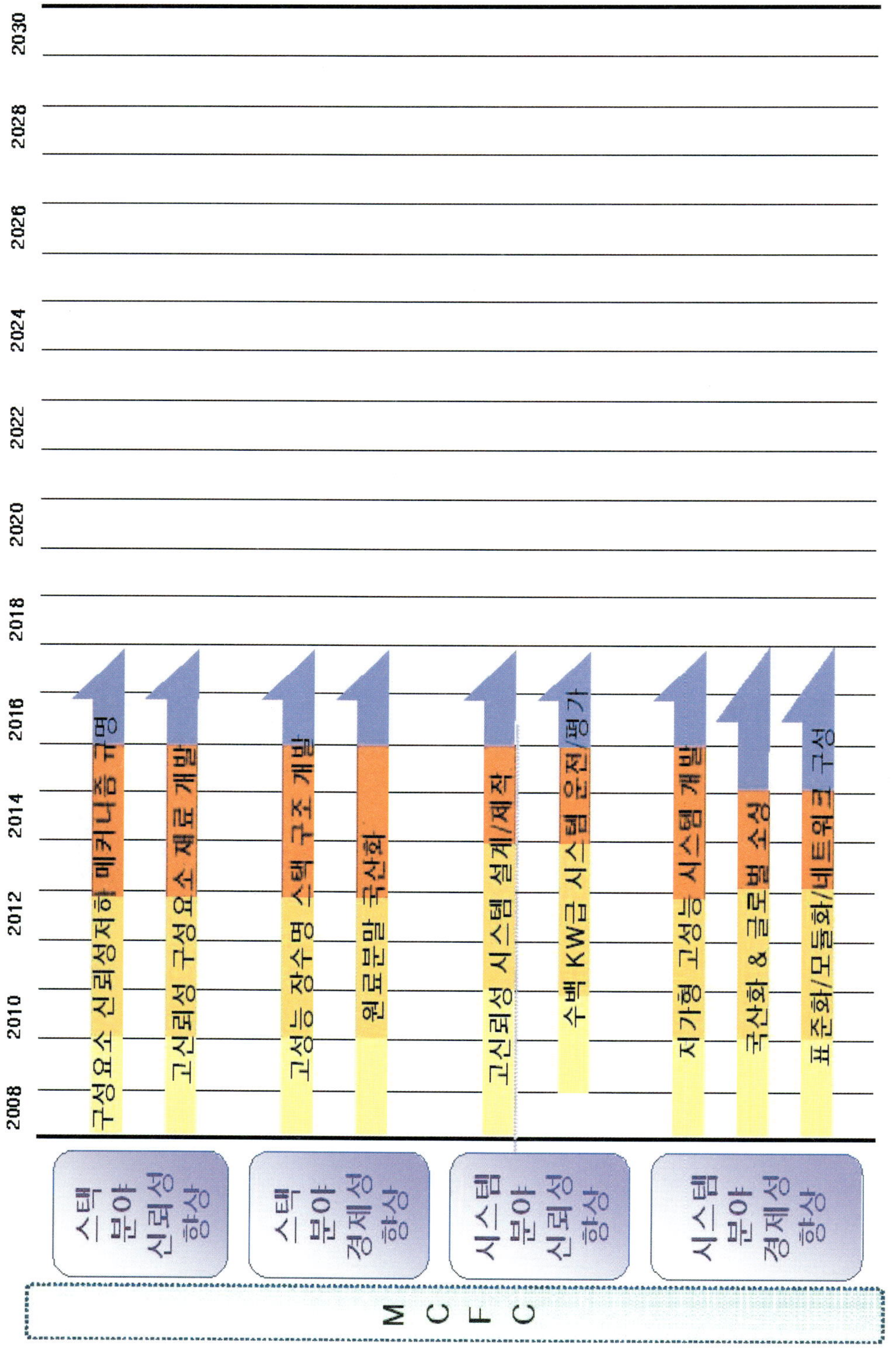

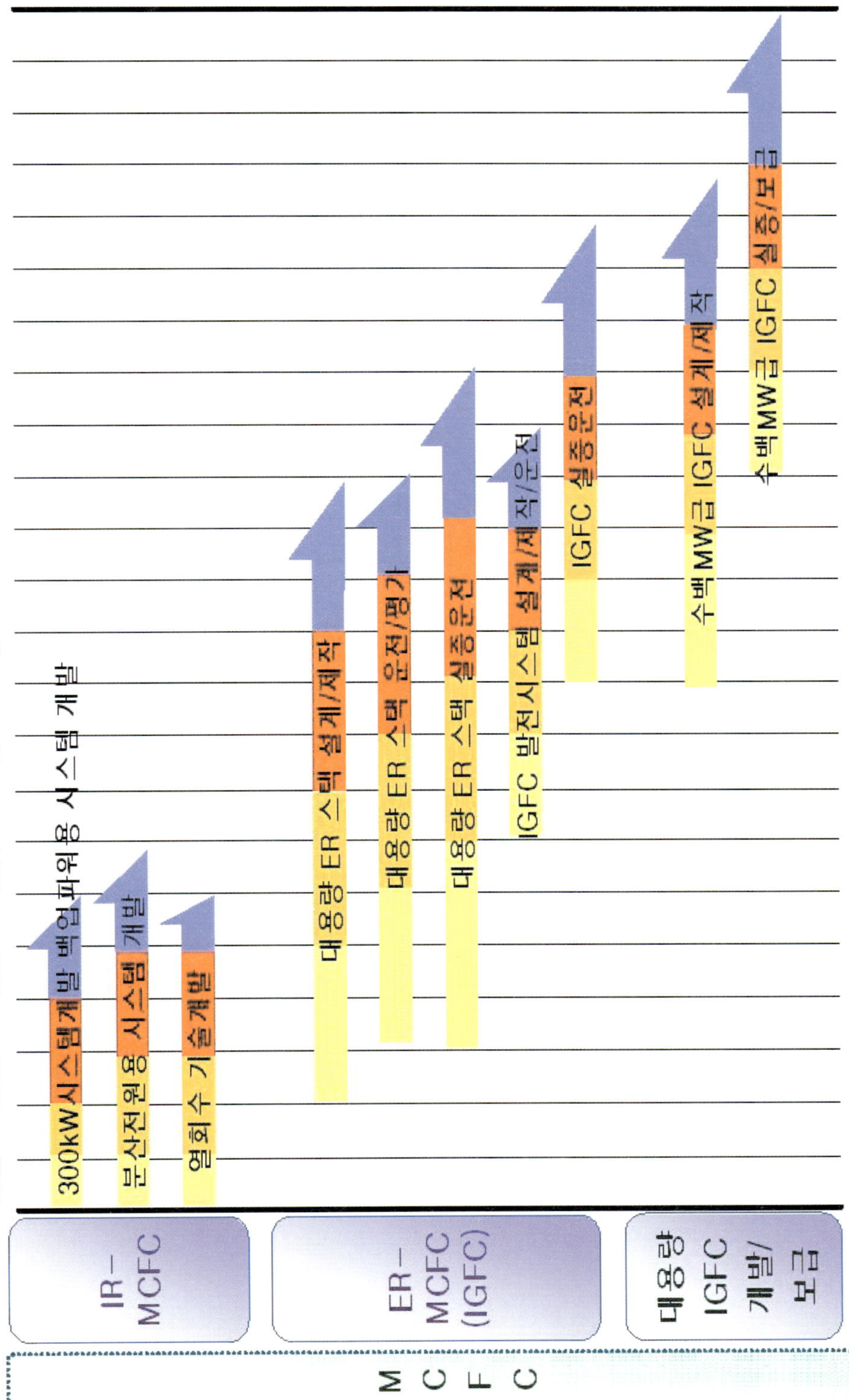
2008
2010
2012
2014
2016
2018
2020
2022
2024
2026
2028
2030
300kW시스템개발
백업파워용 시스템 개발
분산전원용 시스템 개발
열회수 기술개발
대용량 ER 스택 설계/제작
대용량 ER 스택 운전/평가
대용량 ER 스택 실증운전
IGFC 발전시스템 설계/제작/운전
IGFC 실증운전
수백MW급 IGFC 설계/제작
수백MW급 IGFC 실증/보급
추진계획
기초
응용
실용화
상용화
IR–MCFC
ER–MCFC (IGFC)
대용량 IGFC 개발/보급
MCFC

(단위 : 억 원)

대분류	중분류	연도별 소요예산			총
		단기('08～'12)	중기('13～'20)	장기('21～'30)	
MCFC	스택	100	220	-	320
	시스템	425	715	-	1,140
	IR-MCFC	165	110	-	275
	ER-MCFC(IGFC)	250	1,180	2,600	4,030
총		**940**	**2,225**	**2,600**	**5,765**

라. DMFC(휴대용 연료전지)

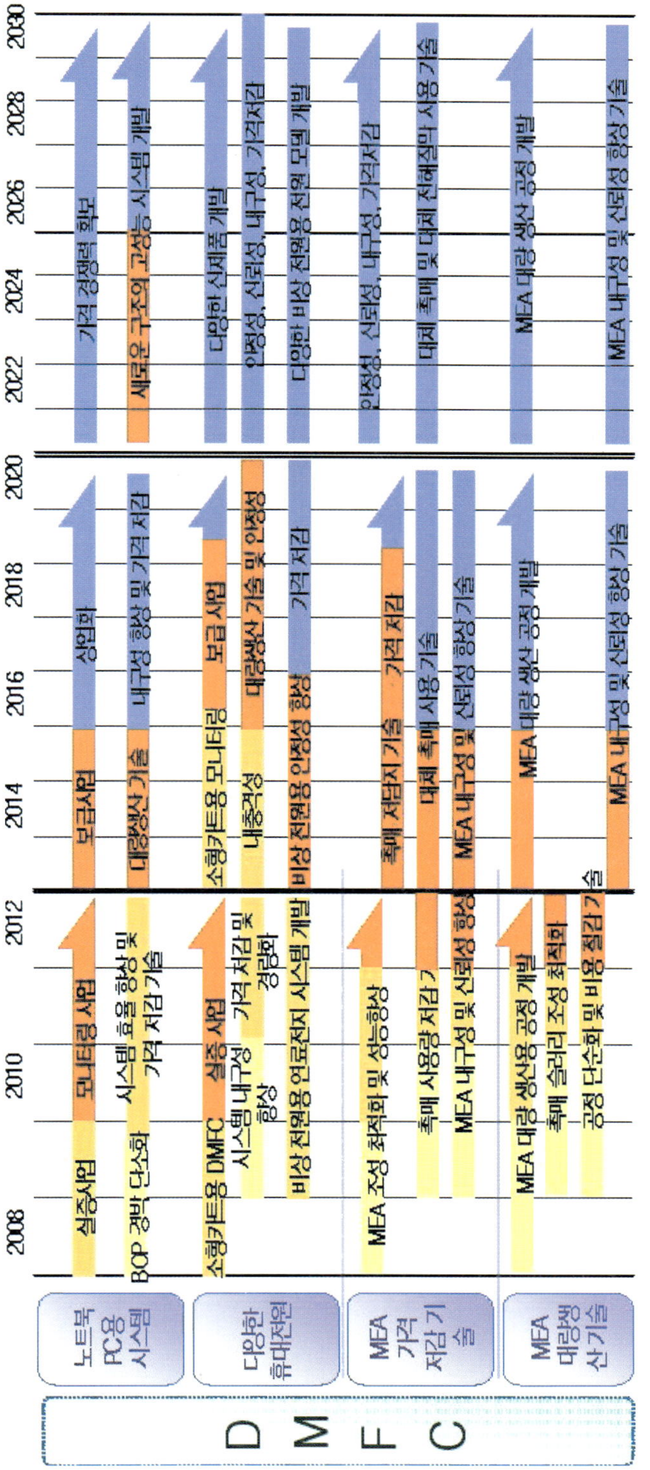

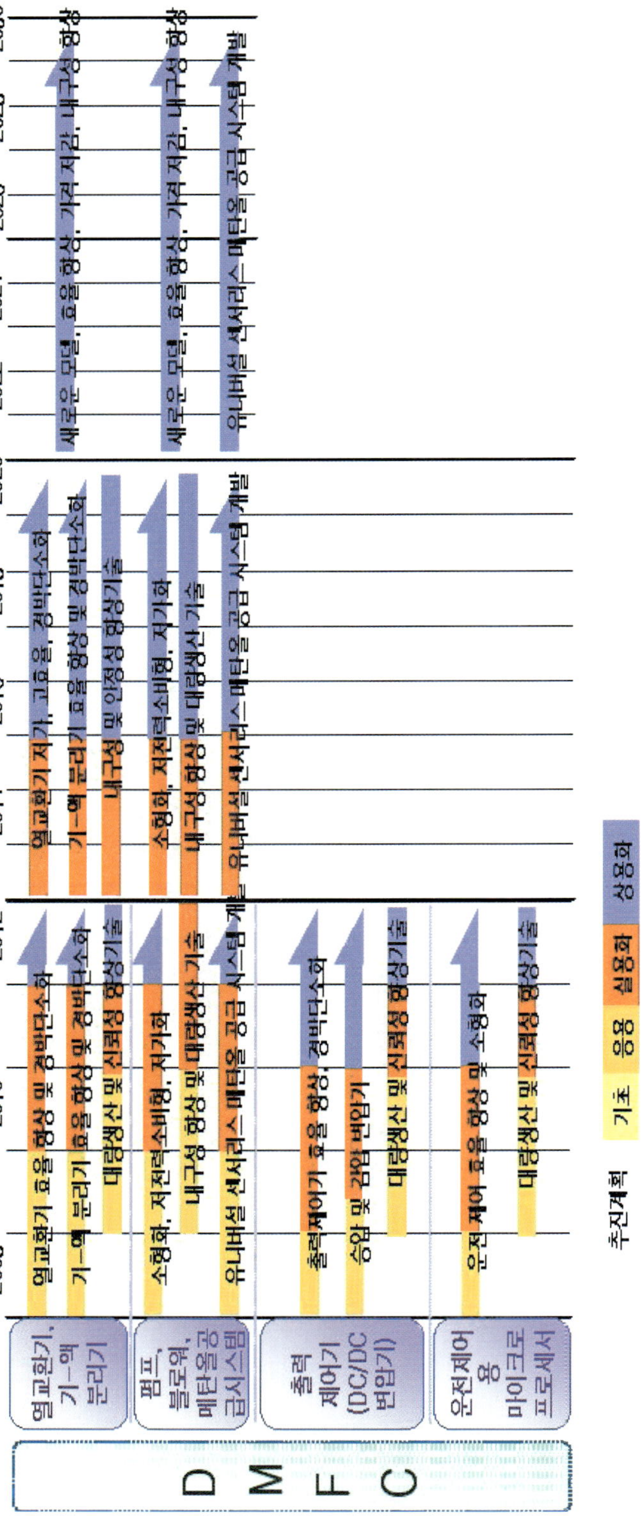
2008
2010
2012
2014
2016
2018
2020
2022
2024
2026
2028
2030
DMFC
열교환기, 기-액 분리기
열교환기 효율 향상 및 경박단소화
기-액 분리기 효율 향상 및 경박단소화
대량생산 및 신뢰성 향상기술
열교환기 저가, 고효율, 경박단소화
기-액 분리기 효율 향상 및 경박단소화
내구성 및 안정성 향상기술
새로운 모델, 효율 향상, 가격 저감, 내구성 향상
펌프, 블로워, 메탄올공급시스템
소형화, 저전력소비형, 저가화
내구성 향상 및 대량생산 기술
유니버설 센서리스 메탄올 공급 시스템 개발
소형화, 저전력소비형, 저가화
내구성 향상 및 대량생산 기술
유니버설 센서리스 메탄올 공급 시스템 개발
새로운 모델, 효율 향상, 가격 저감, 내구성 향상
유니버설 센서리스 메탄올 공급 시스템 개발
출력 제어기 (DC/DC 변압기)
출력제어기 효율 향상, 경박단소화
승압 및 감압 변압기
대량생산 및 신뢰성 향상기술
운전제어용 마이크로 프로세서
운전 제어 효율 향상 및 소형화
대량생산 및 신뢰성 향상기술
추진계획
기초
응용
실용화
상용화

(단위 : 억 원)

대분류	중분류	연도별 소요예산			총
		단기('08 ~ '12)	중기('13 ~ '20)	장기('21 ~ '30)	
DMFC	노트북PC용 시스템	100	240	-	340
	다양한 휴대전원	100	160	-	260
	MEA 가격 저감기술	50	120	-	170
	MEA 대량 생산기술	100	200	-	300
	열교환기, 기-액분리기	25	40	-	65
	펌프, 블로워, 메탄올공급시스템	50	40	-	90
	출력제어기 (DC/DC변압기)	25	40	-	65
	운전제어용 마이크로프로세서	25	40	-	65
총		475	880	-	1,355

마. SOFC(가정/발전용 연료전지)

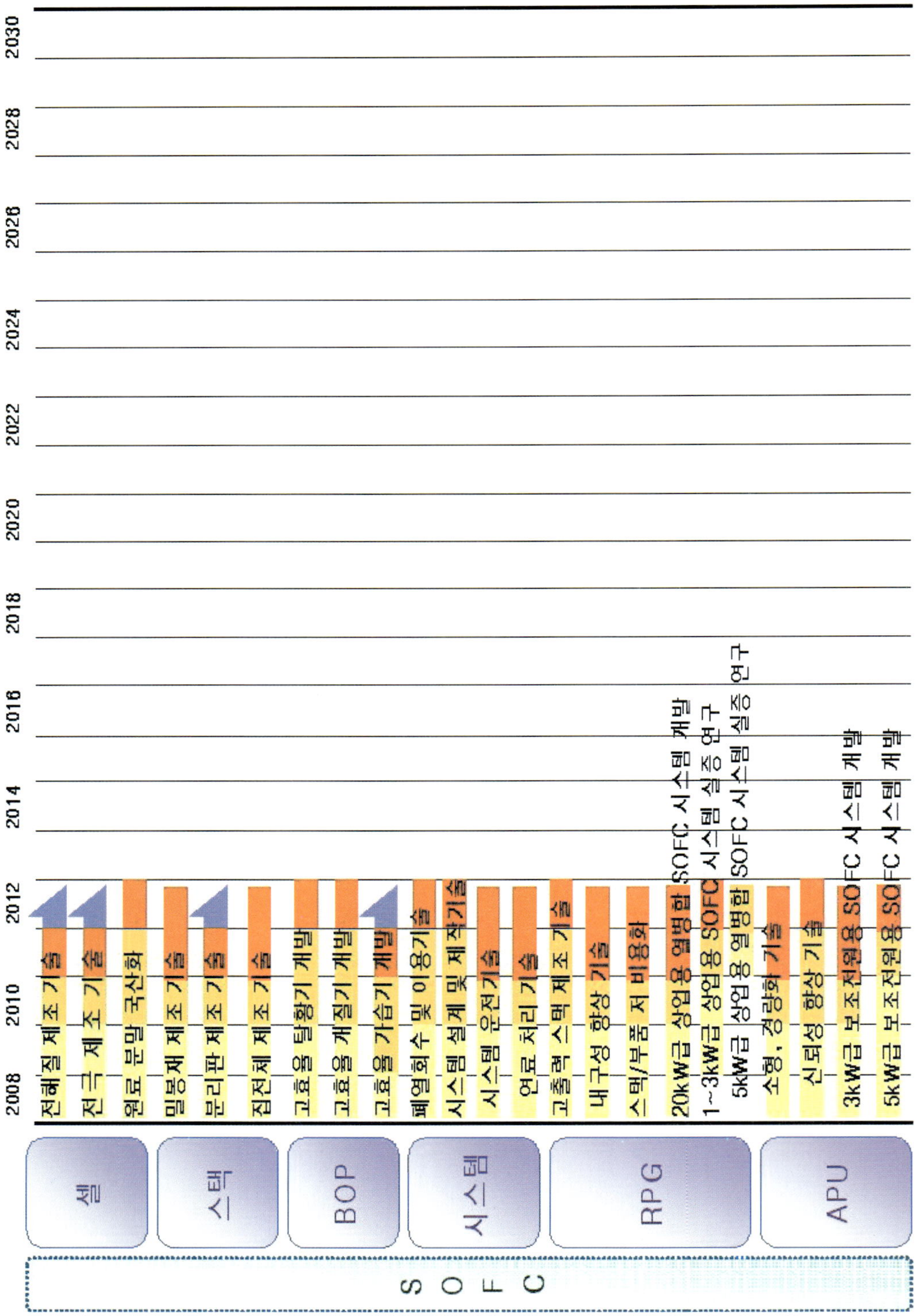

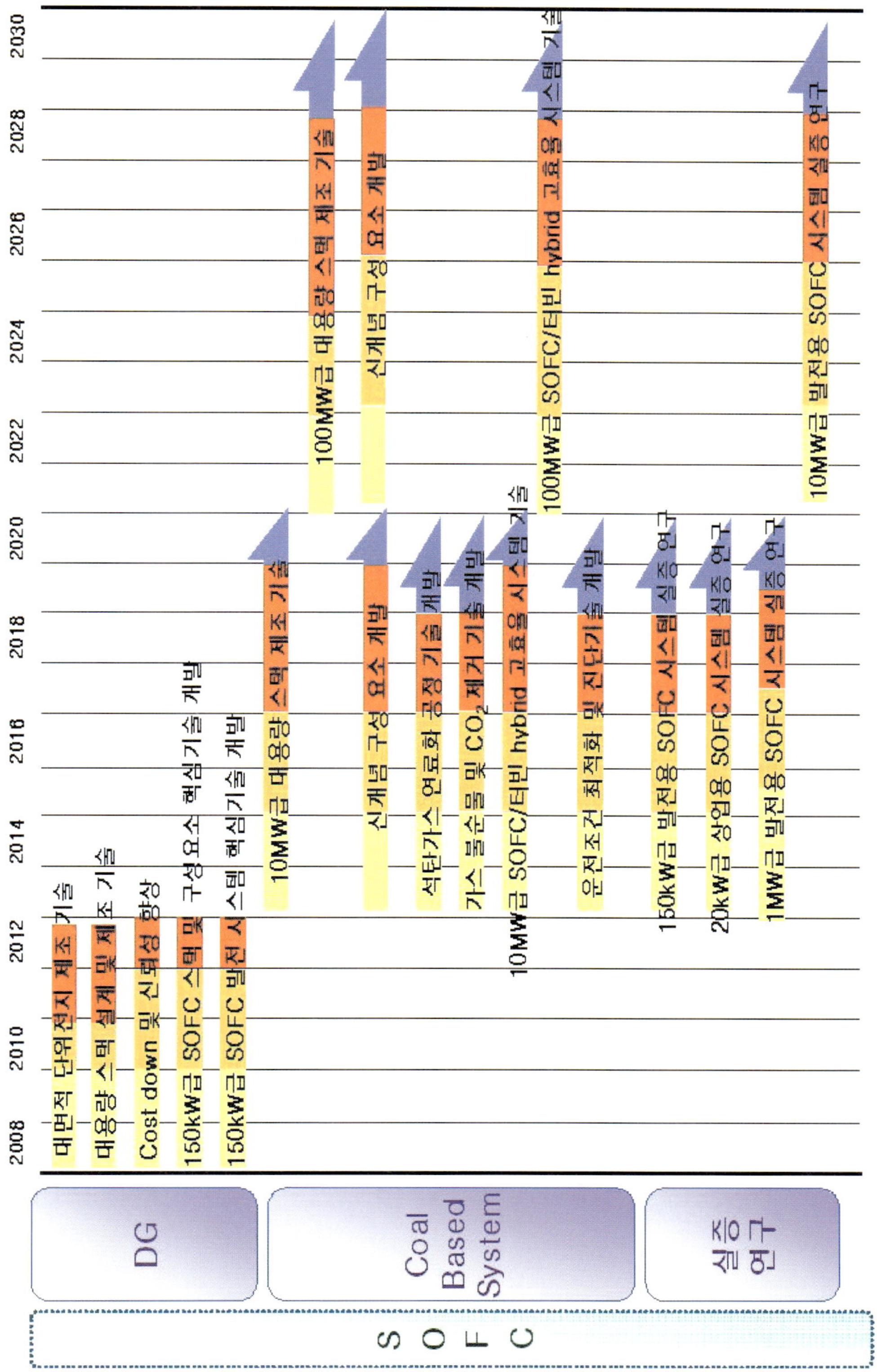
2008
2010
2012
2014
2016
2018
2020
2022
2024
2026
2028
2030
SOFC
DG
대면적 단위전지 제조 기술
대용량 스택 설계 및 제조 기술
Cost down 및 신뢰성 향상
150kW급 SOFC 스택 및 구성 요소 핵심기술 개발
150kW급 SOFC 발전 시스템 핵심기술 개발
Coal Based System
10MW급 대용량 스택 제조 기술
100MW급 대용량 스택 제조 기술
신개념 구성 요소 개발
신개념 구성 요소 개발
석탄가스 연료화 공정 기술 개발
가스 불순물 및 CO_2 제거 기술 개발
10MW급 SOFC/터빈 hybrid 고효율 시스템 기술
100MW급 SOFC/터빈 hybrid 고효율 시스템 기술
운전조건 최적화 및 진단기술 개발
실증 연구
150kW급 발전용 SOFC 시스템 실증 연구
20kW급 상업용 SOFC 시스템 실증 연구
1MW급 발전용 SOFC 시스템 실증 연구
10MW급 발전용 SOFC 시스템 실증 연구
추진계획
기초
응용
실용화
상용화

(단위 : 억 원)

대분류	중분류	연도별 소요예산			총
		단기('08~'12)	중기('13~'20)	장기('21~'30)	
SOFC	셀	59	-	-	59
	스택	48	-	-	48
	BOP 구성부품	97	-	-	97
	BOP시스템	118	-	-	118
	RPG 구성요소	45	-	-	45
	RPG시스템	84	-	-	84
	APU 구성요소	42	-	-	42
	APU시스템	40	-	-	40
	DG구성요소	124	-	-	124
	DG시스템	310	-	-	310
	Coal based system 구성요소	-	820	1,250	2,070
	Coal based system 시스템	-	1,945	3,500	5,445
	실증연구 시스템	-	1,155	1,000	2,155
총		**967**	**3,920**	**5,750**	**10,637**

바. 수소 제조

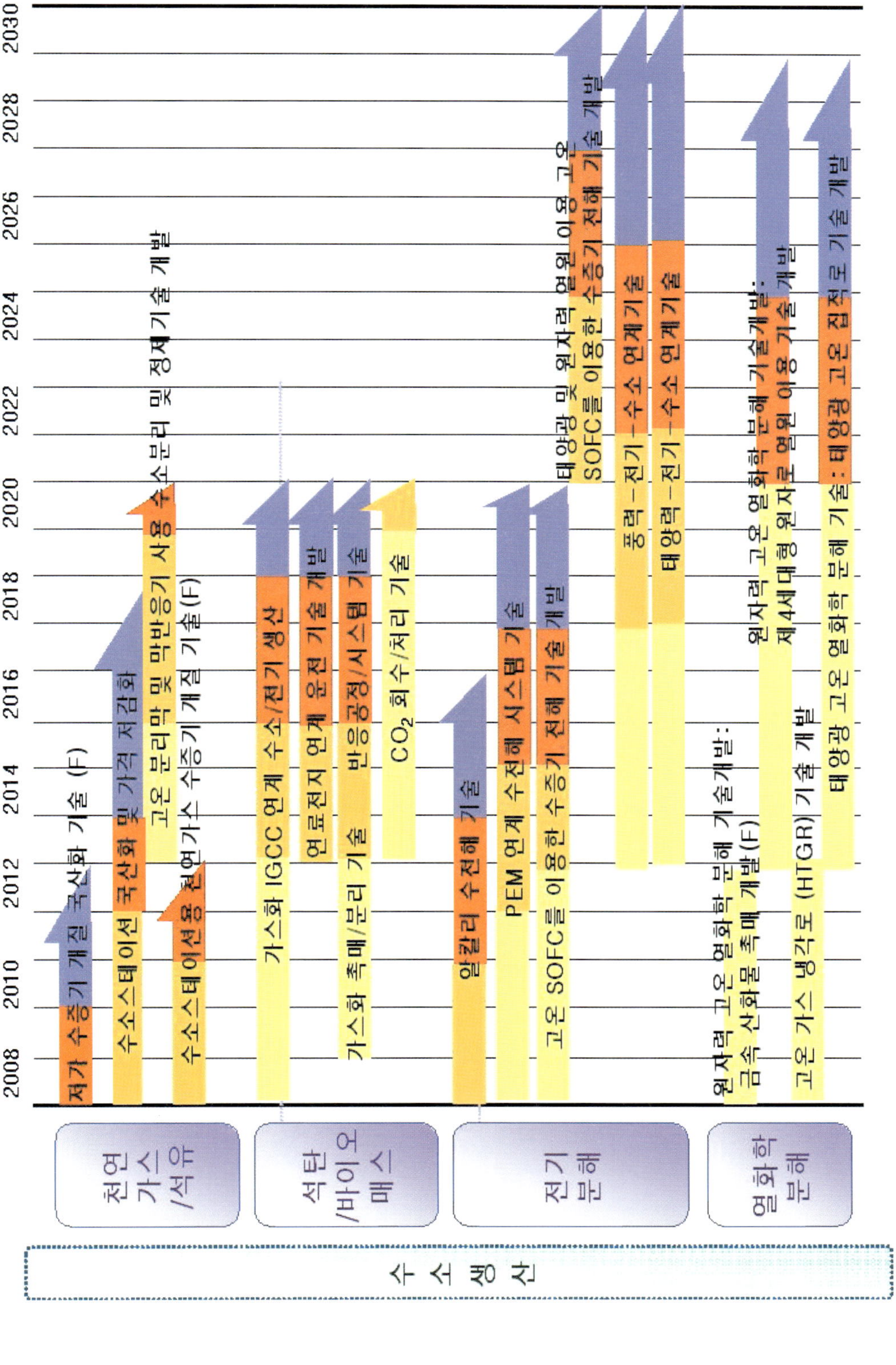
2008
2010
2012
2014
2016
2018
2020
2022
2024
2026
2028
2030
저가 수증기 개질 국산화 기술 (F)
수소스테이션 국산화 및 가격 저감화
고온 분리막 및 막반응기 사용 수소분리 및 정제기술 개발
수소스테이션용 천연가스 수증기 개질 기술(F)
가스화 IGCC 연계 수소/전기 생산
연료전지 연계 운전 기술 개발
가스화 촉매/분리 기술
반응공정/시스템 기술
CO_2 회수/처리 기술
알칼리 수전해 기술
PEM 연계 수전해 시스템 기술
고온 SOFC를 이용한 수증기 전해 기술 개발
태양광 및 원자력 열원 이용 고온 SOFC를 이용한 수증기 전해 기술 개발
풍력-전기-수소 연계기술
태양력-전기-수소 연계기술
원자력 고온 열화학 분해 기술개발: 금속 산화물 촉매 개발(F)
원자력 고온 열화학 분해 기술개발: 제4세대형 원자로 열원 이용 기술 개발
고온 가스 냉각로 (HTGR) 기술 개발
태양광 고온 열화학 분해 기술: 태양광 고온 집적로 기술 개발
천연가스/석유
석탄/바이오매스
전기분해
열화학분해
수소 생산

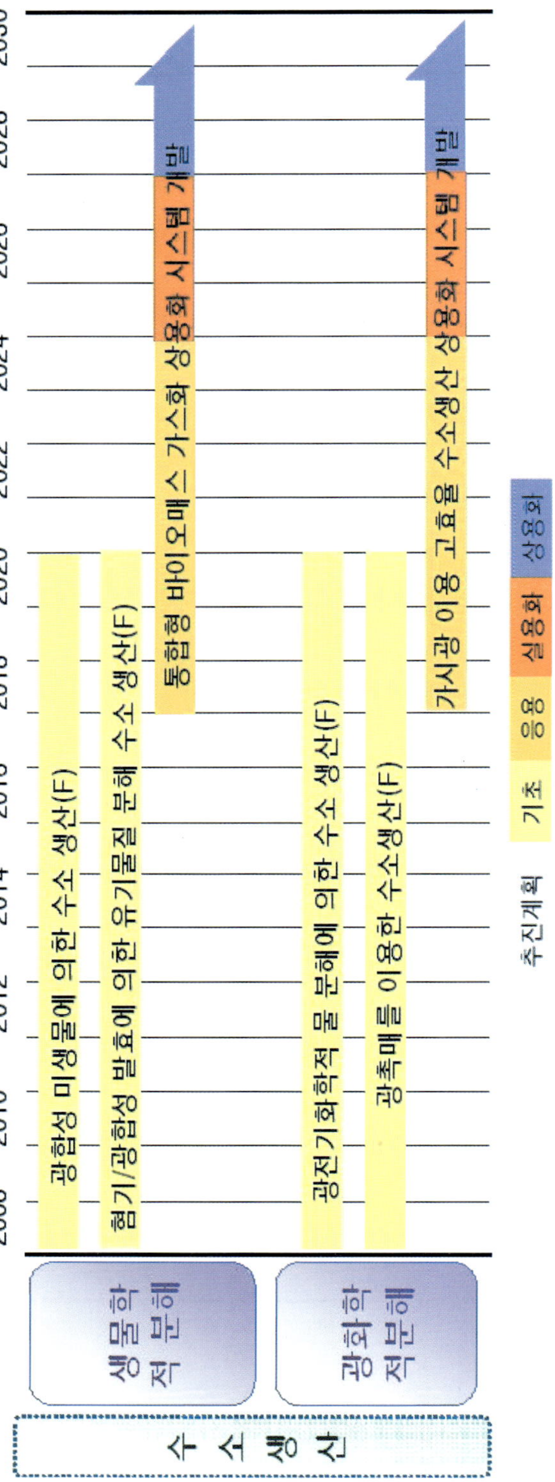

※ (F) 수소 프런티어 사업단 수행 과제

(단위 : 억 원)

대분류	중분류	연도별 소요예산			총
		단기('08~'12)	중기('13~'20)	장기('21~'30)	
수소 제조	천연가스/석유	160	85	150	395
	석탄	50	80	100	230
	전기분해	75	205	375	655
	열화학적 분해		110	130	240
	생물학적 분해		175	215	390
	광화학적 분해	50	160	200	410
총		335	815	1,170	2,320

사. 수소 저장

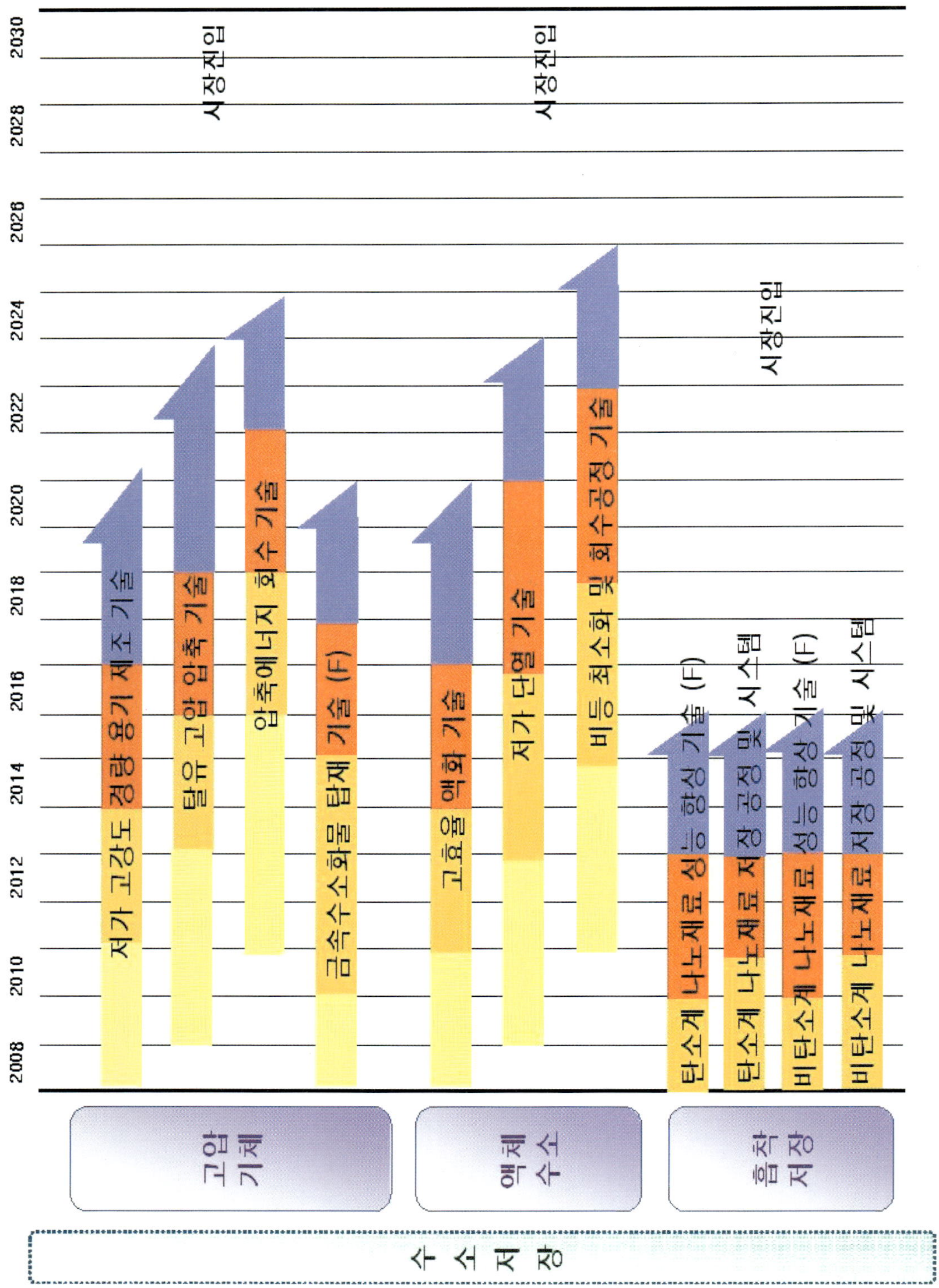
2008
2010
2012
2014
2016
2018
2020
2022
2024
2026
2028
2030
시장진입
시장진입
시장진입
저가 고강도 경량 용기 제조 기술
탈유 고압 압축 기술
압축에너지 회수 기술
금속수소화물 탑재 기술 (F)
고효율 액화 기술
저가 단열 기술
비등 최소화 및 회수공정 기술
탄소계 나노재료 성능 향상 기술 (F)
탄소계 나노재료 저장 공정 및 시스템
비탄소계 나노재료 성능 향상 기술 (F)
비탄소계 나노재료 저장 공정 및 시스템
고압 기체
액체 수소
흡착 저장
수 소 저 장

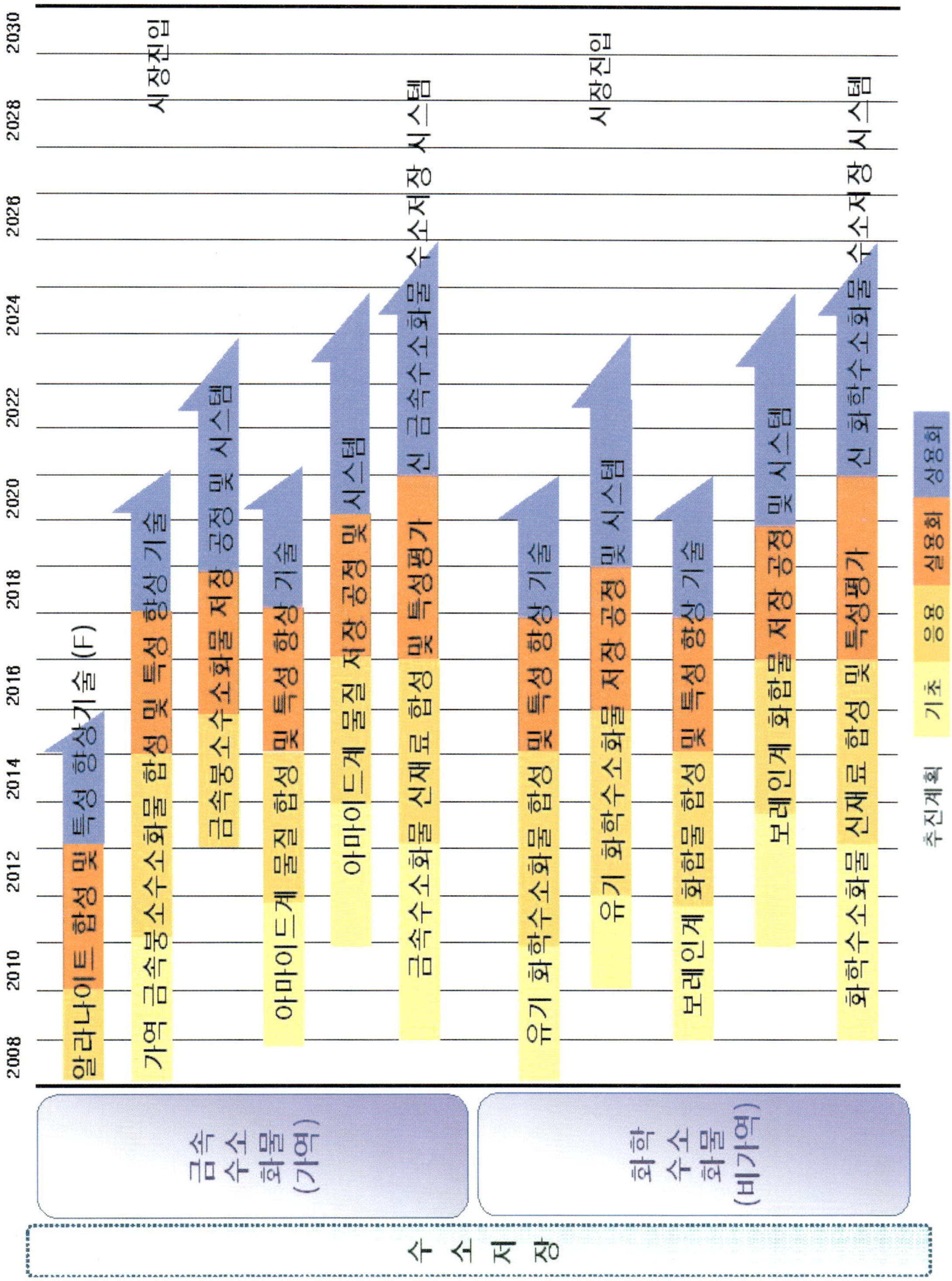

※ (F) 수소 프런티어 사업단 수행 과제

(단위 : 억 원)

대분류	중분류	연도별 소요예산			총
		단기('08～'12)	중기('13～'20)	장기('21～'30)	
수소 저장	고압기체 저장	65	80	49	194
	액체수소 저장	70	64	14	148
	흡착저장	90	112	-	202
	금속수소 화물저장	90	128	70	288
	화학수소 화물저장	50	112	88	250
총		365	496	221	1,082

7. 정책제언

○ 원천 · 핵심기술 연구 프로그램 필요

- 현재 진행되고 있는 대부분의 연구개발 프로그램은 기업주도 산업화 연구에 지원되고 있음. 제도적으로 기술료 징수 과제 우선 지원 정책에서 연유함. 그러나 연료전지 산업화를 위한 제반 기술적 장애요인은 내구성 및 가격저감 이슈이며 이러한 문제를 해결하기 위해서는 연료전지 핵심 부품의 소재개발, 내구성 향상 관련 연료전지 부품 열화기구, 촉매 저감연구 등 원천 · 핵심 기술이 필요요함. 연구개발 투자비의 일부(예를 들어 5%이내)는 기술료 비징수 과제 성격의 원천 · 핵심기술 프로그램을 운영할 필요가 있음.

○ 핵심부품 및 주변기기 개발 프로그램 필요

- 연료전지 차량 및 가정용 연료전지의 경우 국내 기술로 시제품을 만들어 모니터링 사업을 진행하고 있음. 그러나 연료전지 차 및 가정용 연료전지 제품의 구성요소에 해당하는 MEA 등의 핵심 부품 및 주변기기 대부분은 외국제품임. 이는 물론 아직 국내에 연료전지 사업이 전무하여 이를 제공하는 메이커가 없는데 연유함. 향후 연료전지기술의 산업화에 대비하여 핵심부품 및 주변기기를 생산하는 기업을 육성하기 위한 연구개발 프로그램이 필요. 부품 국산화는 반드시 달성되어야할 사안이지만 모든 부품을 국산화 하느냐의 문제는 선택과 집중 측면에서 고려되어야 하느냐는 정책의 문제임.

○ 연구개발비의 기업 부담금 및 기술료 제도의 탄력적 운영 필요.

- 수소 · 연료전지 연구개발 사업은 대략 15년 후 산업화를 고려할 때 장기적 접근이 필요함. 그만큼 위험 부담이 큼. 특히 연료전지 자동차 및 가정용 연료전지 등의 부품 개발은 기술 특성상 중소기업이 주도 기술개발이 성공하더라도 사업적 측면에서 부품의 공급량, 주 개발업자와의 하청관계, 산업화 시기 등을 고려할 때 위험요소가 있음. 이러한 연유로 획일적으로 적용되고 있는 연구개발사업의 기업 부담금 및 기술료 제도의 탄력적 운영이 필요하며 이를 통하여 부품 기업을 육성하는 정책 도입 필요.

○ 수송용/가정용 모니터링 사업 확대 운영.

- 수송용/가정용 연료전지 국산화 및 가격 절감을 가속화시키기 위해서는 2009년 8월 종료되는 1차 모니터링 사업에 이어 2~3년 더 2차 모니터링 사업을 추진함이 필요. 2차 모니터링 사업이 원활히 수행된다면 연료전지 차량 및 가정용 연료전지의 경우 2012년까지는 보급사업이 가능한 단계까지 가격저감을 달성할 수 있다고 예측됨.

○ 시장 초기 수소충전소에 대한 전략적 지원정책 수립 필요.

- 충전소 부지 선정 시 국유지 및 시유지 지원, 충전소 설치비용에 대한 정부지원확대 및 기술료 면제, 기존 충전소 또는 주유소와 연계하여 설치를 추진할 수 있도록 법규 및 규제 정비 등이 필요하며 수소 인프라 구축을 위한 에너지 업계의 참여 유도 정책 수립 필요.

○ 연료전지 조기 산업화 및 수소인프라 구축 지원에 필요한 자원 확보.

- 수소・연료전지 조기 산업화를 유도하기 위해서는 가격저감 이슈가 해결되어야 함. 가격저감은 강력한 기술개발 지원정책 및 핵심부품 국산화에 의한 방법도 있지만 양산 체제 구축이 효과적임. 조기 양산 체제 구축을 위해서 산업화까지는 보급사업에 의거 보급 물량을 점진적으로 늘려나가야 할 것임. 산업화까지 보급사업을 추진할 경우 본 보고서의 "산업화 방안"에 제시한 바와 같이 엄청난 재원 조달이 필요함. 이에 따라 연료전지 차량의 경우 친환경 사회구현에 필요한 가칭 "환경 부담금" 신설 등을 통한 자금 확보도 고려할 만하다고 봄.

○ 현재 발전차액 혜택은 200㎾급 이상의 규모의 연료전지 시스템에서만 적용되고 있지만, 가정용/상업용 연료전지 발전시스템의 원활한 보급을 위해 용량의 한계를 없애도록 규정을 변경해야 할 것임. 한편 보급 물량이 증가할수록 엄청나게 증가하는 정부지원 자원 조달의 대체 방안이 필요할 것으로 판단됨. 물론 개발 업자는 시스템 단가를 낮추는 노력이 병행되어야 할 것임.

○ 수소연료전지 초기 시장 확보를 위한 기술표준화 추진.

- 연료전지차량 및 수소인프라, 발전용, 휴대용 연료전지 분야에 대한 국제 표준화 활동 지원 확대 및 전문인력 양성시급.
- 현재 국내에서 개발한 부품의 인증을 받기위하여 해외 시험평가 기관을 이용하여야하는 불편함이 있음. 이 때문에 비용 및 개발 기간의 단축이 어려움. 수소 안전/신뢰성 관련 공인 평가 기관 선정이 필요

○ 과학기술부의 수소프런티어 사업과의 적극적 연계를 통하여 산・학・연이 공동으로 참여하는 연구개발 추진 전략 필요. 신・재생에너지와 연계된 수소생산, 저장에 적극적 연구개발이 요구되나 프런티어 사업과의 중복 문제로 많은 문제점이 제기되고 있음.

부 록

부록 1. 연료전지 용어설명서

〈 용어차례 〉

〈 용어설명 〉

가습(Humidification)

연료나 산화물의 반응 기체 흐름과 함께 연료전지로 수분을 공급하는 과정

가습기(Humidifier)

고분자전해질 연료전지의 경우 전해질 막은 충분히 수화된 상태에서만 이온 전도성을 갖게 되는데, 이 때문에 셀 내부의 습도를 최적 상태로 유지해주어야 한다. 이를 위해 연료나 공기를 가습한 상태로 공급하며 이러한 가습상태를 조절해주는 장치가 가습기이며, 방법에 따라 다음과 같이 분류할 수 있다.

- **기포식 가습기**(Bubbler Type Humidifier) : 가장 오랫동안 사용되는 가습기로, 기본형태는 물을 적정온도로 가열한 상태에서 가습기 하부 물속에서 공급하고자 하는 연료 혹은 공기를 주입하고 기포가 발생하여 연료 혹은 공기가 가습된 상태로 가습기 외부로 배출되도록 하는 가습기. 단순한 기포의 형성만으로는 충분한 가습상태로 도달하기 어렵기 때문에 수온의 조절, 분사방식의 조절, 구조적 개선 등 응용된 형태로 주로 사용된다.

- **접촉식 가습기**(Contact Type Humidifier) : 뜨거운 판에 물을 분사하여 이를 공급되는 연료 혹은 공기가 끌고 나가면서 가습되는 형태이다. 적절한 가습상태의 조절을 위하여 물 분사량, 히터온도를 제어, 추가 온/습도 조절장치 장착 등을 형성하여 최적 가습상태를 유지하는 형태이다.

- **스프레이식 가습기**(Spray Type Humidifier) : 미세한 구멍을 갖는 노즐에 적당한 온도로 가열된 물을 가습기 내부로 안개처럼 분사시켜 유입된 연료 혹은 공기가 이와 섞여 가습기 외부로 나간다. 물이 응축되지 않게 하기 위해 가습기 내부 온도 및 배출 라인의 온도 제어 등을 통해 보완하여 주로 사용된다.

- **막 가습기**(Membrane Humidifier) : 수분과 열이 교환되는 막을 사이에 두고 한 쪽으로는 열매(열 및 수분을 공급해주는 유체)가 다른 한 쪽으로는 냉매(가습하고자 하는 연료 혹은 공기)가 흘러가면서 열 및 수분을 교환하여 가습시키는 방식이다.
  추가적인 동력이 없는 경우에도 사용할 수 있지만, 연료전지 시스템에서 사용할 경우 열매(열 및 수분 공급 유체)의 열 및 수분 손실 등을 시스템 설계에서 고려해주어야 한다. 막 가습기는 평판형 막 가습기와 중공사 막 가습기가 있다.

< DPoint Technologies社 평판형 막 가습기 >

< PermaPure社 중공사 막 가습기 >

- **엔탈피 휠(Enthalpy Wheel)** : 격자형태를 갖고 회전하는 가습기로, 열매(熱媒)가 유입되어 격자 표면에 입혀져 있는 물질이 수분과 열을 갖게 한 후 회전하면서 다시 냉매가 이 격자로 유입되어 수분과 열을 회수하여 가습기 외부로 배출되면서 가습되는 방식이다. 이 경우 일부 열매(熱媒)와 냉매가 섞이게 되며, 이는 회전 속도나 격자 크기에 따라 조절할 수 있다.

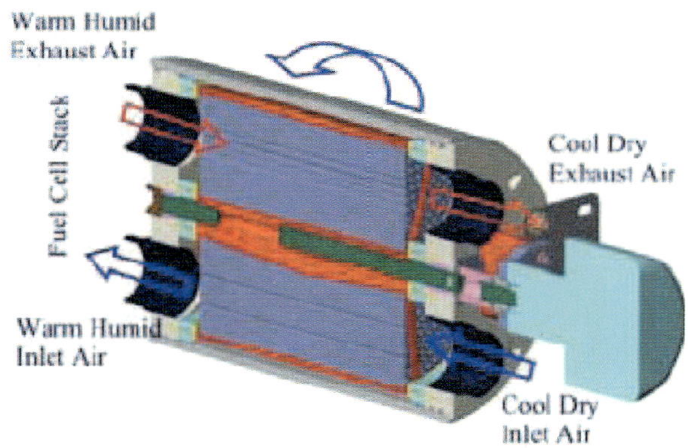

자료출처 : www.emprise-usa.com

- **기타** : 위에 언급한 것 이외에도 스택 내부에 수분을 공급하는 다양한 형태의 가습 방식이 있다. Direct injection이나 다공성 분리판을 이용하는 경우 스택 냉각수를 이용하여 가습하며, 유로구조를 조절하거나 전해질 막 처리나 전해질 막 두께 조절 등을 통해 스택 내부에서 가습상태를 유지할 수 있게 하는 방법이 응용되기도 한다.

가역 연료전지(또는 재생형 연료전지, Reversible Fuel Cell, RFC)

화학적 반응물이 가역 반응을 수행하는 연료전지의 형태를 말하며, 분리된 장치로부터 재충전이 가능한 연료전지이다. 예를 들면, 물의 전기분해를 통해 수소와 산소를 생산하고 이를 연료전지 반응을 통해 다시 물을 생산하면서 전기를 발생시키는 경우를 말하며, 재생형 연료전지(Regenerative Fuel Cell, RFC)라고도 한다.

가정용 연료전지 열병합 발전 시스템(Residential Fuel Cell Cogeneration System)

도시가스(천연가스)를 전기에너지로 직접 변환함으로 시스템 전체 효율이 75~90%의 고효율이고, 이산화탄소 배출량이 기존의 발전 시스템에 비해 약 40% 정도가 절감되는 환경친화적인 기술이다. 또한 연료전지 시스템의 운전 시 발생되는 폐열을 회수하여 가정의 급탕 및 난방용 온수로 활용 가능하다는 특징이 있다.

가정용 연료전지 시스템은 일반 가정에서 소비자가 보일러나 전자제품과 같이 손쉽게 사용할 수 있어야 하므로 운전 및 보수가 쉽고 안전하며, 소형이어서 가정 내에 설치가 가능해야 할 뿐만 아니라, 배기가스와 소음이 적고 환격에 해롭지 않아야 함을 필요조건으로 한다. 가정용 연료전지 시스템의 가장 큰 장점은 송배전 선로가 필요치 않으며, 낮은 운영비와 높은 에너지효율로 현재 전기료를 약 20% 낮출 수 있을 것으로 예상된다. 더욱이 환경 친화적인 에너지원이고, 발전과정에서 발생하는 잉여분의 열은 저장 후 온수나 주택난방에 이용할 수 있으므로 시스템 전체적으로는 기존의 발전방식에 비해 획기적으로 높은 에너지 효율을 가지게 된다.

국내에서는 GS퓨얼셀과 퓨얼셀파워가 2006년까지 가정용 연료전지 열병합 발전 시스템의 실증 연구를 한국에너지기술연구원과 3L 하우스에서 수행하였다.

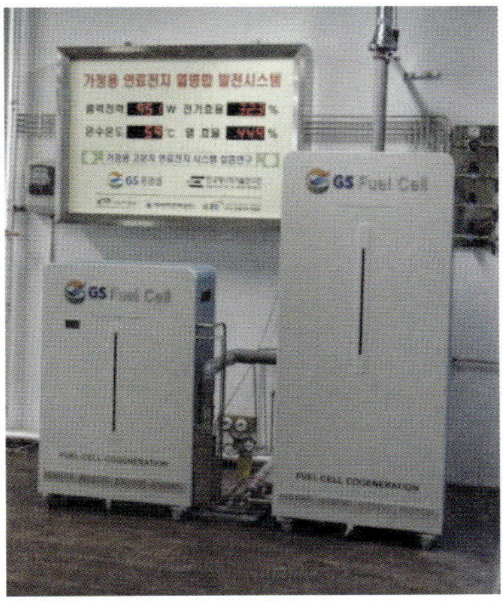

< GS퓨얼셀 >

< 퓨얼셀파워 >

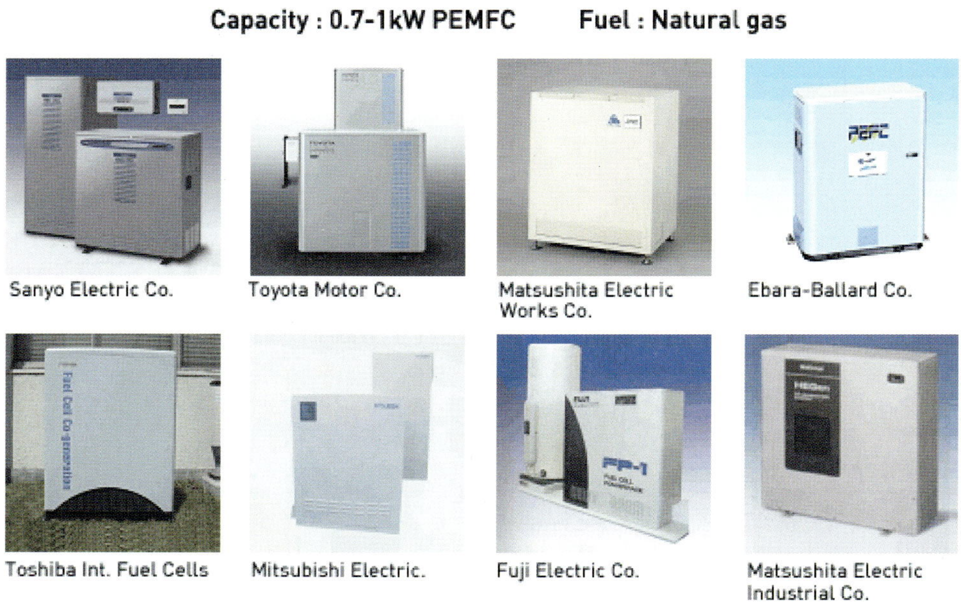

< 일본의 가정용 PEFC 보급기반 정비사업 >

가정용 연료전지 시스템의 경우 2006년도부터 모니터링 사업을 수행하고 있으며, 관련한 기술기준안에 근거하면 관련 용어의 정의는 다음과 같다(KSC IEC 62282-1에 의함).

- **패키지(Package)** : 연료전지 발전 시스템을 구성하는 주요장치인 연료전지 모듈, 연료 개질 시스템, 공기 공급 시스템, 전력 변환 시스템, 자동 제어 시스템, 보조기기류 등이 들어 있는 용기(전력변환장치 등이 들어 있는 용기는 연료전지 발전시스템의 패키지로부터 독립 설치 가능)
- **연료 개질 시스템** : 공급연료를 연료전지 스택에 알맞은 조성으로 바꾸는 데 필요한 화학 공정 장치로 관련 열 교환기와 제어기를 포함
- **공기 공급 시스템** : 연료전지 발전시스템에 공급되는 산화물을 계량하고 조절하며 가압하는 시스템으로 주로 기계적인 방법으로 연료전지 발전시스템에 공기를 공급하는 장치
- **열 관리 시스템** : 연료전지 발전시스템의 열 안정성을 유지하기 위해 냉각과 열 배출을 하며 과량의 열을 회수하거나 시동 시에 열을 공급하기도 하는 장치
- **물 관리 시스템** : 연료전지 시스템에서 사용하기 위하여 회수 또는 첨가한 물을 처리, 정화하는 장치
- **전력 변환 시스템** : 제조자에 의해 명시된 요건에 따라 출력 전력을 변환시키는 장치

- **자동 제어 시스템** : 연료전지 시스템을 유지하는 센서, 구동기, 밸브, 스위치 그리고 로직 요소로 구성된 조립품으로서, 시스템을 수동으로 조절하지 않고 생산자의 특정 조건 안에서 매개변수를 자동으로 조절하는 장치
- **연료전지 모듈** : 연료전지 스택을 포함하며 운송기기나 발전시스템으로 통합될 목적을 가진 조립품. 연료전지 모듈은 아래의 주요 구성요소를 포함한다.
  - 하나 또는 그 이상의 연료전지 스택
  - 이송을 위한 배관 시스템(운반을 위한 도관 시스템)
  - 스택으로부터 받는 전력에 대한 전기적 연결
  - 기타 사항 : 감시 그리고/또는 조절 수단, 냉각매체와 비활성 기체와 같은 추가 유체에 대한 운반수단, 정규 그리고/또는 비정규 운전조건의 탐지 수단, 밀폐기 또는 압력용기, 통풍시스템
- **연료전지 스택** : 고농도의 수소와 공기중의 산소를 전기화학적으로 반응시켜 직류전력, 열, 물 등을 생성시키며 단위전지, 분리판, 냉각판, 매니폴드, 체결판(엔드 플레이트) 등으로 구성된 조립품
- **에너지 저장 시스템** : 연료전지 모듈이 내부 혹은 외부 부하에 전력을 공급하는 것을 촉진 또는 보완하는데 사용되는 내부 에너지원

가정용 연료전지 모니터링 사업

신재생 에너지 기술개발사업의 일환으로 추진되고 있는 가정용 연료전지 모니터링 사업은 가정용 연료전지의 내구성 확보와 초기시장 형성을 목표로 하고 있으며, '06～'08년간 국비 205억 원(총사업비 410억 원, 민자 205억 원)을 투입할 계획으로 있다.

이 사업은 에너지 공급사가 주체가 되어 국내에서 개발된 1kW급 연료전지의 모니터링을 하게 되며, 공기업 등이 주체가 되어 과제를 총괄하고 도시가스 회사 등 에너지 회사가 참여기업으로 시스템 설치 운전 및 데이터 수집을 한다. 시스템 제작업체는 시스템을 제작, 납품하고 A/S(1년 무상, 3년 보증)을 담당하되, 국산화 비중을 일정 수준 이상으로 유지하게 된다.

'06년에는 연료전지의 기준가격을 1.3억 원으로 산정하고 40기를 시범보급 및 모니터링 하며, '07년에는 1.0억 원에 70기, 최종 3차년도인 '08년도에는 기준가격이 0.8억 원 수준으로 인하되고, 국산화 비율은 80% 이상을 유지하여야 한다.

가스켓(Gasket or Seal)

금속이나 그 밖의 재료가 서로 접촉할 경우, 접촉면에서 가스나 물이 새지 않도록 하기 위하여 끼워 넣는 패킹(Packing). 연료전지에서는 O-ring type과 면 가스켓이 사용되어지며, 기체나 액체의 기밀성 유지와 판 사이에서의 절연성 유지 등을 위해 사용되어진다. 일반적으로 연료전지에

서는 내화학성 유지를 위해 불소계 고무를 사용하거나, 성능이 개선된 실리콘 가스켓을 많이 사용하고 있다.

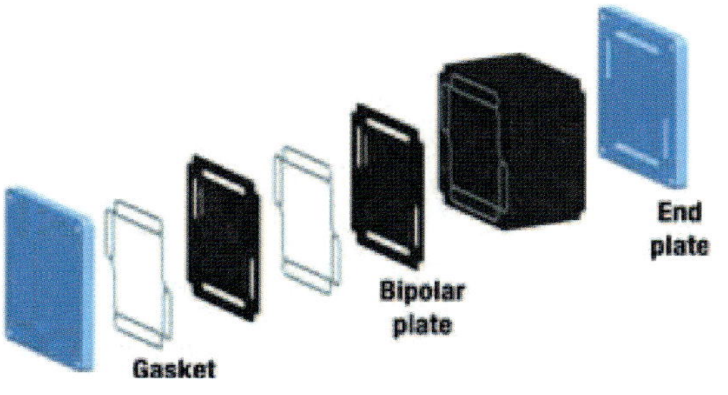

자료출처 : www.entegrisfuelcells.com

개질 가스(Reformate Gas)

연료 변환기(Fuel Processor)에서 나와서 연료전지 스택으로 유입되는 유체. 탄화수소계 연료가 연료 변환기로부터 생성되어, 연료전지 스택에서 이용할 수 있는 수준인 수소가 많은 혼합가스로 전환된 상태이며, 연료 변환기의 종류나 형식에 따라 개질 가스의 조성은 다소 상이하다.

개회로 전압(Open Circuit Voltage, OCV)

전류가 전혀 흐르지 않는 상태에서 갖는 전압 값이며, Open Circuit Voltage 또는 No load Voltage라고 한다. 일반적으로 연료전지를 평가장치나 시스템에 장착한 후 연료 및 산화물을 공급시키고, 부하를 걸지 않은 상태에서 전압 측정기를 이용하여 측정한다.

고분자 전해질 연료전지(Polymer Electrolyte Fuel Cell, PEFC)

고분자를 전해질로 사용하는 연료전지이며, 100℃ 이하에서 운전되며, 주로 사용되는 운전온도는 상온에서 80℃ 정도이다. 연료전지 자동차에 적용될 경우 영하의 온도에서도 시동이 가능하도록 제작되고 있다. 연료극(Anode)에서 생산된 수소이온(H^+)은 전해질을 통해서 공기극(Cathode)으로 이동하고, 공기극에서 산소와 반응하여 물을 생성하면서 전기를 발생시킨다.

- 연료극 반응(Anode reaction) : $H_2 \rightarrow 2H^+ + 2e$
- 공기극 반응(Cathode reaction) : $1/2O_2 + 2H^+ + 2e \rightarrow H_2O$
- 전체 반응(Overall reaction) : $H_2 + 1/2O_2 \rightarrow H_2O$

고분자 전해질을 사용하는 연료전지는 일반적으로 말하는 고분자 전해질 연료전지(PEFC)와 직접 메탄올 연료전지(Direct Methanol Fuel Cell, DMFC)가 있으며, 이 두 형태의 연료전지가 모두 프로톤(Proton) 교환막을 사용하기 때문에 이 둘을 합하여 프로톤 교환막 연료전지(Proton Exchange Membrane Fuel Cell, PEMFC)라고도 한다. 일반적으로는 고분자 전해질 연료전지(PEFC)는 수소를 연료로 사용하는 경우에 가장 많이 일컬어진다.

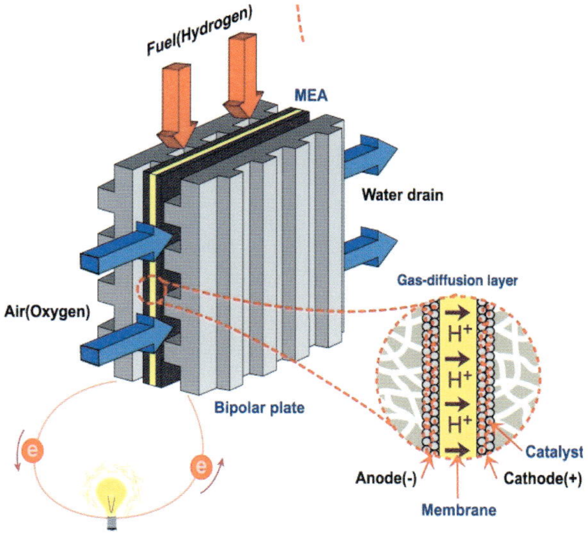

자료출처 : GS퓨얼셀

< 고분자 전해질 연료전지의 작동 원리 >

(1) 수소 연료가 분리판의 유로를 통해 연료전지 스택의 연료극으로 흘러 들어가고, 이때 공기(산소)는 연료전지 스택의 공기극으로 흘러 들어간다.

(2) 연료극에서 백금 촉매는 수소를 프로톤(Proton) 이온과 전자로 분리시킨다.

(3) 프로톤 이온은 고분자 전해질을 통해서 연료극에서 공기극으로 이동하며, 전자는 외부회로를 통해 공기극으로 이동하면서 전기적 회로를 구성한다.

(4) 공기극에서 전자와 프로톤 이온은 공기 중의 산소와 결합하면서 물을 만들어내고, 생성된 물은 전지 외부로 배출된다.

- 고분자 전해질 연료전지의 장점 : 작동 온도가 낮고, 전류밀도와 출력밀도가 높으며, 시동시간이 짧고 부하 추종성이 빠르다. 부식 및 전해질 조절이 필요 없으며, 디자인이 비교적 간단하고 제작이 용이하다. 또한 다양한 범위의 출력을 낼 수 있어 휴대용에서부터 분산형 발전까지 응용분야가 다양하다.
- 고분자 전해질 연료전지의 단점 : 낮은 온도에서 작동되기 때문에 폐열의 활용도가 상대적으로 낮으며, 연료변환기와 연계하여 동작될 경우 연료변환기가 고온에서 동작되기 때문에 다소 복잡한 연계시스템을 구성하여야 한다.

백금을 전극촉매로 사용하므로 일산화탄소에 민감하고, 촉매와 고분자 전해질 막의 가격이 비싸다. 또한 운전 중 고분자 전해질 막의 수분조절이 매우 중요하다.

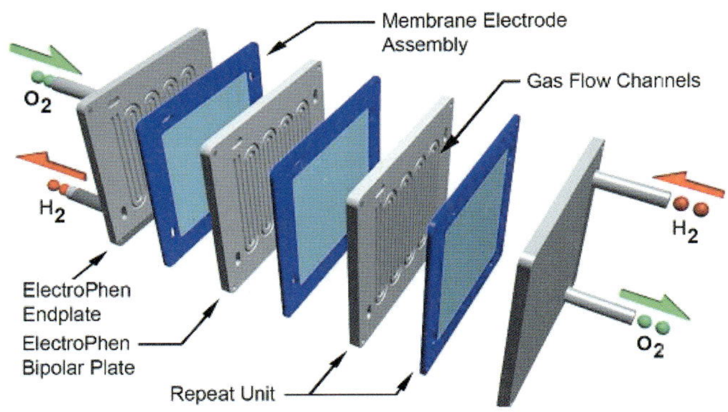

자료출처 : www.futureenergies.com

고체 산화물 연료전지(Solid Oxide Fuel Cell, SOFC)

전해질로 고체 산화물(주로 이트륨옥사이드(Y_2O_3)로 도핑된 지르코늄 옥사이드(ZrO_2)를 많이 사용)을 사용하는 연료전지이며, 공기극에서 연료극으로 산소 음이온(O_2)이 이동한다. 연료전지 중에서 가장 높은 온도(700~1000℃)에서 연료전지 반응이 이루어진다.

- 연료극 반응(Anode reaction) : $H_2\ (g) + O_2 \rightarrow H_2O(g) + 2e$
  $CO(g) + O_2^- \rightarrow CO_2\ (g) + 2e^-$
- 공기극 반응(Cathode reaction) : $O_2 + 4e \rightarrow 2O_2$
- 전체 반응(Overall reaction) : $O_2 + H_2 + CO \rightarrow H_2O + CO_2$

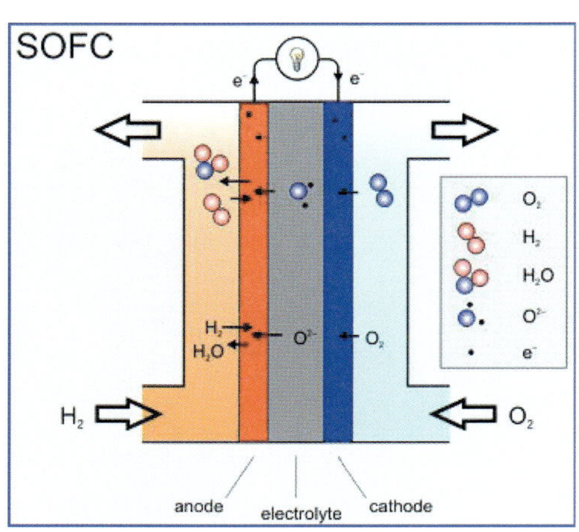

자료출처 : www.eos.polito.it

아래 그림은 산업자원부에서 신재생 에너지 기술개발사업의 일환으로 한국전력공사 전력연구원 주관으로 추진해온 '1kW급 중온형 고체 산화물 연료전지(SOFC) 시스템 및 스택'이다(2006년도 개발 완료).

자료출처 : 한국전력공사 전력연구원

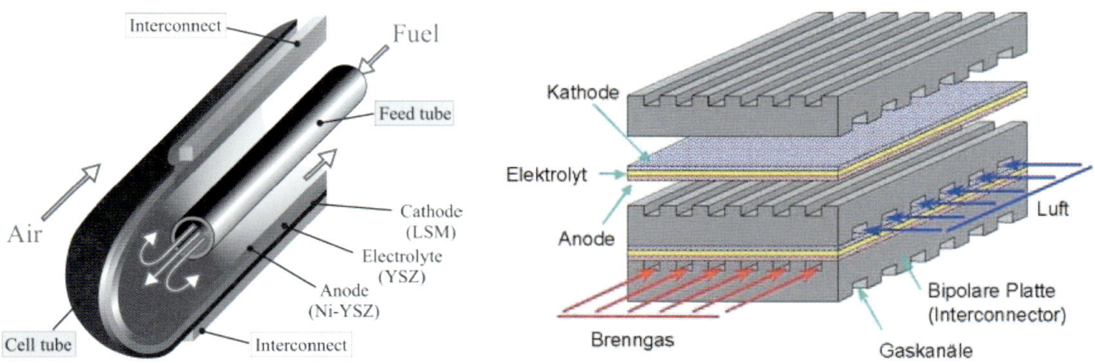

< Tubular type SOFC(좌) 및 Planar type SOFC(우) >

격리(Isolation)

이중화 구성 시스템인 경우, 2대의 중앙 제어 장치에서 교차하는 제어선을 한쪽의 장치와 전기적으로 격리하는 것. 이중화되어 있는 장치의 한쪽에 문제가 생겨 틀린 정보가 정상적인 장치로 전달되어도 정상적인 작동을 방해하지 않도록 하는 것을 말한다.

시스템에서 전력선(Power Line)과 신호선(Signal Line) 간에 간섭이 일어나지 않게 하는 것을 말할 때도 사용한다. 또한 2개의 다른 신호가 서로 영향을 받아 시스템에 영향을 주는 현상을 막는다는 의미로도 사용된다.

계통 연계(Grid Connected)

연료전지 시스템으로부터 생산된 전력이 계통에 직접 연결되어 있는 경우이며, 이때 전력사용자는 계통의 전력과 연료전지 시스템으로부터 생산된 전력을 함께 사용하게 된다. 즉, 연료전지 시스템에서 생산된 전력량이 사용자가 필요한 전력량보다 적을 경우 계통의 전력을 함께 사용하게 되며, 반대로 연료전지 시스템에서 생산되는 전력량이 많아서 잉여 전력이 발생할 경우 계통으로 전력을 공급(역송전)하게 된다. 신재생 에너지(연료전지, 태양광, 풍력 등)가 역송전할 경우 발전차액을 제도적으로 지원하고 있다. 이 경우 계통의 전원이 차단되게 되면 연료전지 시스템의 발전이 중단되게 된다.

계통 독립(Grid Isolated, Grid Independent)

연료전지 시스템의 계통과 별도로 독립적인 전력 공급 장치로 사용될 경우 이를 계통 독립형 연료전지 시스템이라고 한다. 이 경우 연료전지는 계통의 정전과 상관없이 전력을 공급할 수 있다. 독립형 연료전지 시스템의 경우 일반적으로 초기 시동을 위해 배터리와 연계하여 연료전지 시스템을 구성한다.

아래 그림은 GS퓨얼셀에서 산업자원부 기술개발사업에서 2004년도에 개발 완료한 '3kW급 독립형 연료전지 연료전지 열병합 발전 시스템' 이다. 좌측은 연료전지 시스템과 열병합 발전 설비가 있고, 우측은 배터리 및 인버터, AC부하가 있어서 이를 연계시켜 계통 독립형으로 발전할 수 있는 시스템이다.

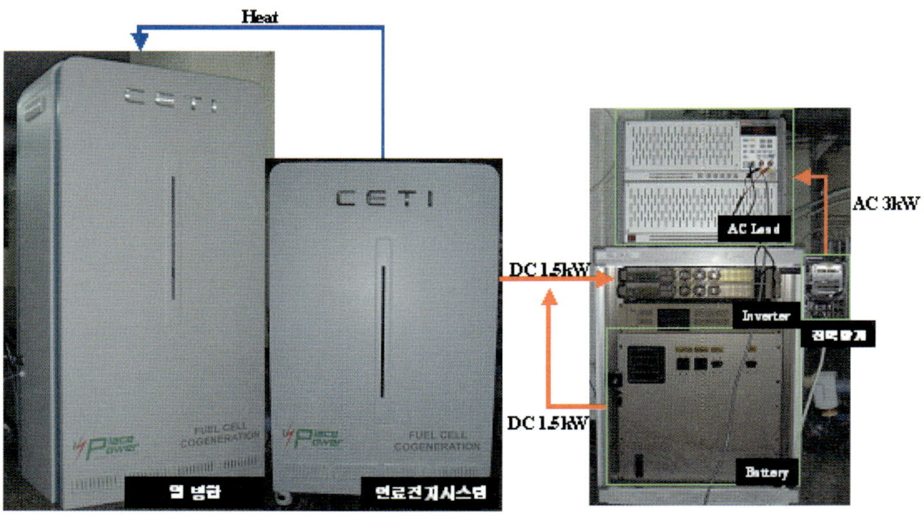

자료출처 : GS퓨얼셀

공기 호흡형 연료전지(Air breathing Fuel Cell)

일반적으로 연료전지 반응에 필요한 공기는 외부에서 펌프, 블로워, 팬 등을 이용해서 공급해주지만, 초소형 연료전지의 경우 이러한 외부 장치의 도움 없이 자발적인 공기의 확산을 통해 연료전지 반응에 필요한 공기를 공급받도록 제작할 수 있으며, 이러한 형태의 연료전지를 공기 호흡형 연료전지라 한다.

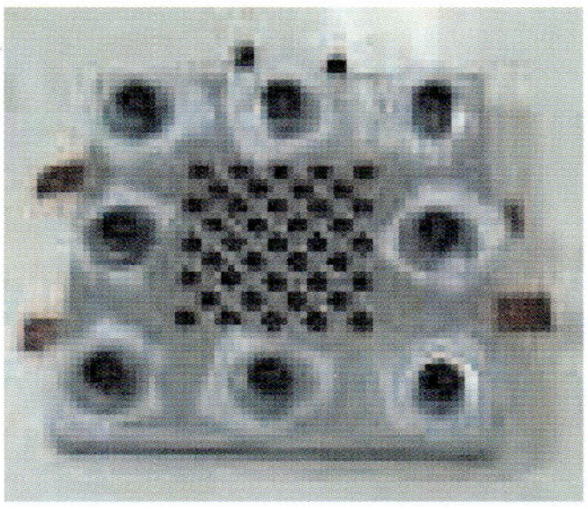

자료출처 : www.oes.ntut.edu.tw

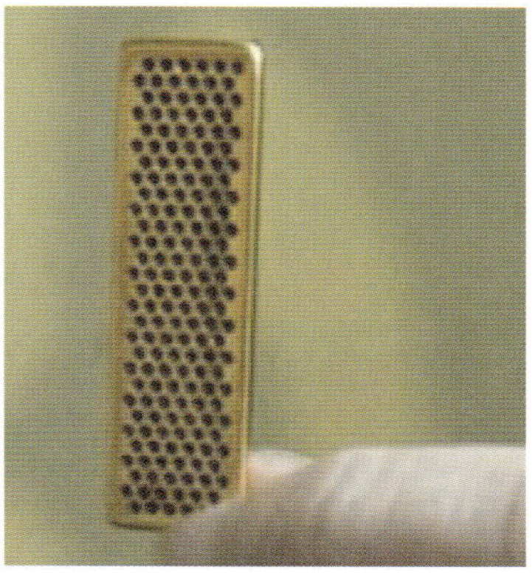

자료출처 : ww.militantplatypus.com

기생 부하(Parasitic Load)

연료전지 시스템의 동작에 필요한 주변기기(Balance Of Plant) 등과 같은 보조 기기나 장비에 소모되는 부하

기체 확산층(Gas Diffusion Layer)

막 전극 접합체(MEA)와 분리판(Separator 또는 Bipolar Plate) 사이에 위치하며 물리적으로 촉매층을 지지하고 있으며, 분리판의 유로를 통해 연료전지 내부로 유입된 유체를 촉매층에 전달하고, 화학반응으로 생긴 유체를 다시 분리판의 유로로 이동하게 하는 유체의 확산을 담당하고 있는 부분이며, 전기화학 반응에 의해 발생한 전자를 분리판에 전달해 주는 기능을 한다. 이 때문에 기체 확산층은 높은 전기 전도도, 화학적 안정성, 다공성 등이 중요한 인자이며, 주로 탄소종이(Carbon paper), 탄소천(Carbon Cloth), 탄소펠트(Carbon Felt) 등으로 만들어진다. 기체 확산층은 약 50~90%의 기공률을 가진 다공성 물질이 사용되며, 반응기체 중에 포함되어 있는 수분이 기공을 막는 현상을 방지하기 위해 일반적으로 PTFE(Polytetrafluoroethylene)로 함침을 하게 되는데 너무 적은 양을 함침하게 될 경우 생성된 물의 제거가 어렵게 되며, 과량을 함침하게 되면 전도도의 저하가 발생하기 때문에 적절한 양을 함침해야 한다. 아래 그림은 Toray사의 탄소종이(Carbon Paper)이다.

자료출처 : www.fuelcell.com

나프타(Naphtha)

원유를 증류할 때 35~220℃의 끓는점 범위에서 유출되는 탄화수소의 혼합체. 중질 가솔린이라고도 하며, 일반적으로 이를 석유화학 원료 등으로 사용할 경우에 나프타라고 한다.

냉각판(Cooling plate)

냉각이 필요한 장치에서 장치의 냉각을 위해 이용되는 판. 특히 연료전지 스택에서 냉매(혹은 냉각용 유체)가 지나가는 판을 냉각판이라고 하며, 냉각판은 스택 내부에 존재하는 것이 일반적이나, 출력이 크지 않은 스택의 경우 냉각판을 외부에 위치시켜 주로 공기를 이용하여 냉각시켜주는 경우도 있다.

내부 저항(Internal Resistance)

발전기나 전지, 전류계나 전압계 등 기기의 내부회로가 지니고 있는 저항을 말한다. 전류계는 내부저항이 0인 것이 가장 이상적이나 전류가 흐르면서 생기는 전압 강하에 의한 내부 저항이 생기고, 교류 회로에서는 임피던스에 의해 내부 저항이 생기므로 이를 고려한다. 연료전지에서는 전해질 막의 이온 저항과 전극, 분리판, 전류 집전체 등에서 전기 저항이 발생하게 되며 이것이 내부 저항이 된다.

냉각수(Coolant)

연료전지의 셀을 최적 작동 온도로 유지하기 위해 연료전지의 운전 중에 발생된 열을 제거하기 위해 셀 주위로 공급하는 기체나 액체상태의 물질이며, 물, 공기나 부동액 등을 사용할 수 있다.

네른스트 전위(Nernst Potential)

전위차는 물질의 종류뿐만 아니라 그 농도에도 의존하게 되는데, 전극 전위의 농도 의존성을 나타내는 것이 네른스트 식(Nernst Equation)이다. 물질들의 표준 환원 전위란 물질의 활농도(Activity)가 1일 때의 환원 전위를 말한다. 하지만 실제 상황에서는 반응물이나 생성물의 활농도가 1이 아니며, 따라서 활농도(또는 농도)의 변화에 따라 전위가 변하게 되며, 이때 농도에 의존하는 반응물 혹은 생성물의 전위를 나타내는 것이 네른스트 전위이다.

*** Nernst Equation**

$aM^{+} + ae^{-} = aM$

$G = G + RTlnQ$

$\underline{G = -nEF, \quad G = -nE\ F}$

$-nEF = -nE\ F + RTlnQ$

Dividing both sides by -nF

E=E -(RT/nF)lnQ, [Q = (생성물의 활농도) / (반응물의 활농도)]

$E = E - (RT/nF)ln(1/M^{+})^{a}$

- R = ideal gas constant = 0.001987kcal/deg
- T = absolute temperature
- n = the number of electron involved
- F = Faraday constant = 23.06kcal/volt-gram equivalent
- $E^{o} = e_{a}^{o} + e_{c}^{o}$

단위 전지(Unit Cell)

연료전지에서 단위 전지란 완전한 연료전지 반응이 일어날 수 있도록 구성된 연료전지가 하나만으로 구성되었을 경우를 의미하며, 구성요소는 아래 그림과 같다.

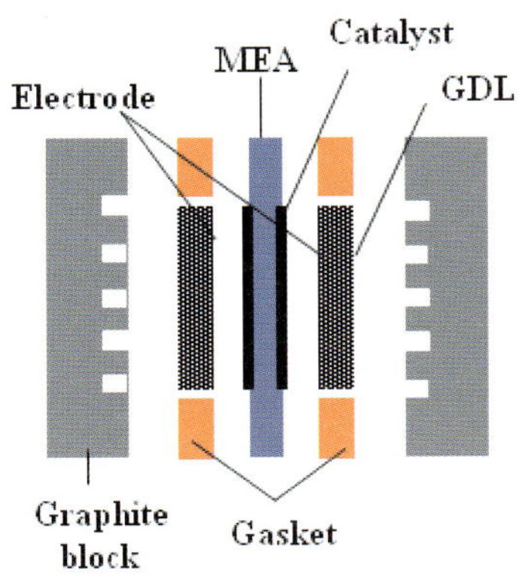

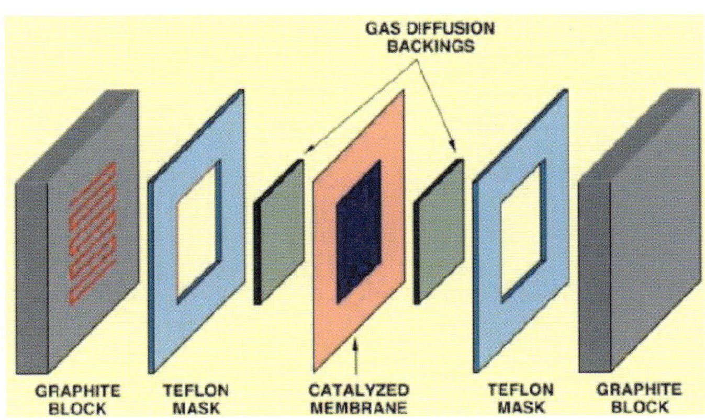

자료출처 : www.capiweb.org

단위 전지의 성능을 평가하기 위해 전류 집전체나 체결판(End Plate), 체결장치 등을 포함시킬 수 있다. 연료전지 스택은 이러한 단위전지 여러 개가 직렬로 연결되어 합해진 형태를 말한다. 단위 전지가 병렬로 연결될 수 있으며 이러한 경우를 특별히 모노폴라 스택(Monopolar Stack)이라고 한다.

데이터 통신(Data Communications)

전기통신회선을 통하여 서로 접속하여 2진수로 표시된 디지털 형태의 정보로 교신하는 것을 말하며, 정보를 수집, 가공, 처리, 저장, 분배 등의 기능도 포함된다.

- **통신용어**
  (1) TXD(Transmit Data) : 비동기식 직렬통신 장치가 외부 장치로 정보를 보낼 때 직렬통신 데이터가 나오는 신호선이다
  (2) RXD(Receive Data) : 외부 장치에서 들어오는 직렬통신 데이터를 입력받는 신호선이다
  (3) RTS(Ready To Send) : 컴퓨터와 같은 DTE(Data Terminal Equipment)장치가 모뎀 또는 프린터와 같은 DCE장치에게 데이터를 받을 준비가 됐음을 나타내는 신호선이다.
  (4) CTS(Clear To Send) : 모뎀 또는 프린터와 같은 DCE(Data Communication Equipment)장치가 컴퓨터와 같은 DTE장치에게 데이터를 받을 준비가 됐음을 나타내는 신호선이다.
  (5) DTR(Data Terminal Ready) : 컴퓨터 또는 터미널이 모뎀에게 자신이 송수신 가능한 상태임을 알리는 신호선이며 일반적으로 컴퓨터 등이 전원 인가 후 통신 포트를 초기화한 후 이 신호를 출력시킨다.
  (6) DSR(Data Set Ready) : 모뎀이 컴퓨터 또는 터미널에게 자신이 송수신 가능한 상태임을 알려주는 신호선이며 일반적으로 모뎀에 전원 인가 후 모뎀이 자신의 상태를 파악한 후 이상이 없을 때 이 신호를 출력시킨다.
  (7) DCD(Data Carrier Detect) : 모뎀이 상대편 모뎀과 전화선 등을 통해서 접속이 완료되었을 때 상대편 모뎀이 캐리어 신호를 보내오며 이 신호를 검출하였음을 컴퓨터 또는 터미널에 알려주는 신호선이다.
  (8) RI(Ring Indicator) : 상대편 모뎀이 통신을 하기 위해서 먼저 전화를 걸어오면 전화 벨이 울리게 된다. 이때 이 신호를 모뎀이 인식하여 컴퓨터 또는 터미널에 알려주는 신호선이며 일반적으로 컴퓨터가 이 신호를 받게 되면 전화벨 신호에 응답하는 프로그램을 인터럽터 등을 통해서 호출하게 된다.

- **RS-232통신(Recommended Standard system for serial communications)** : RS232C는 EIA (Electronic Industries Association)에 의해 규정되어 졌으며 그 내용은 데이터단말기(DTE: Data Terminal Equipment)와 데이터통신기(DCE: Data Communication Equipment)사이의 인터페이스에 대한 전기적인 인수, 컨트롤 핸드 쉐이킹, 전송속도, 신호 대기시간, 임피던스 인수 등를

정의하였으나 전송되는 데이터의 포맷과 내용은 지정하지 않으며 DTE 간의 인터페이스에 대한 내용도 포함하지 않는다.
같은 규격이 CCITT(Consultative Committee for International Telegraph and Telephony)에서도 CCITT V.24에서 DTE와 DCE 간의 상호 접속회로의 정의, 핀 번호와 회로의 의미에 대해서 규정을 하고 있다.

- **RS-422통신** : RS422는 EIA에 의해서 전기적인 사양이 규정되어 있으나 물리적인 커넥터 및 핀에 대한 사양은 아직 규정되어 있지 않다. RS422에서는 Point To Point 모드와 Multi Drop 모드 두 가지가 있다.
  (1) Point To Point 모드는 신호선에 대한 설명은 RS232와 별차이가 없고 다만 물리적으로 하나의 신호선에 두 개의 라인이 필요한데 그들의 표현은 신호선명뒤에 + 와 　로써 구분표기한다. 즉, 예를 들면 RS232의 TXD 신호선이 RS422에서는 TXD+와 TXD 　로 나누어 질 뿐이다.
  (2) Multi Drop모드가 사용되는 시스템은 하나의 마스터에 여러개의 슬레이브가 연결되어 마스터가 어떤 슬레이브와 통신을 할 것인지를 결정하고 해당 슬레이브를 호출하면 호출된 슬레이브가 응답을 하는 체제로 구성되어진다. 이때, 하나의 마스터에 최대 10개까지의 슬레이브가 연결될 수가 있고 이때 마스터는 Point To Point 모드로 설정되어 있어도 상관이 없으나 슬레이브는 반드시 Multi Drop 모드로 설정이 되어 있어야 한다.

- **RS-485통신** : RS485는 EIA에 의해서 전기적인 사양이 규정되어 있으나 물리적인 커넥터 및 핀에 대한 사양은 아직 규정되어 있지 않다. RS485인 경우 RS232나 RS422처럼 Full Duplex가 아닌 Half Duplex 전송방식만 지원하기 때문에 RS422의 Multi Drop 모드의 슬레이브처럼 RS485의 모든 마스터는 TXD신호를 멀티포인트 버스(RS485의 모든 마스터가 공유하는 신호라인을 그렇게 부른다)에 접속 또는 단락시켜야만 할 뿐만 아니라 RXD신호 역시 모드에 따라서는 접속, 단락의 제어를 하여야 한다. RS485에서는 Echo 모드와 Non Echo 모드 두 가지가 있다.
  (1) RS485 Echo 모드 : 멀티포인트 버스를 사용하는 시스템은 하나의 버스에 여러 개의 마스터가 연결되어 사용한다. 이 때문에 하나의 마스터가 다른 마스터와 통신을 할 경우에는 반드시 출력 개폐를 하여야만 한다. 이것의 원리는 RS422의 Multi Drop 모드와 동일하다. 하지만 동시에 여러 개의 마스터가 출력을 하여 데이터가 충돌하는 현상이 발생하기 때문에 이러한 문제는 S/W에 의하여 해결되어야 한다.
  이렇게 충돌 여부를 확인하는 방법 중 하나가 자기가 보낸 정보를 자기가 받아보아 충돌여부를 확인하는 것인데 이것을 RS485 Echo 모드라 부른다.
  (2) RS485 Non Echo 모드 : RS485 Echo 모드에서 자기가 보낸 데이터가 자기 자신에게 되돌아오는 기능을 없앤 것이 RS485 Non Echo 모드이다.

- **이더넷(Ethernet)**

  미국의 제록스(Xerox Corporation), 미니컴퓨터 제조회사인 디지털 이퀴프먼트와 반도체 제조회사인 인텔(Intel Corporation)이 공동으로 개발하여 1980년에 상품화하고 특허를 받았다. LAN은 컴퓨터 제조회사가 각기 나름대로 개발하고 있으나 LAN의 국제표준화를 추진하고 있는 미국전기전자기술자협회(IEEE)의 표준방식의 하나로서 채용되고 있다.

  이더넷은 데이터 전송을 위해 다음과 같은 내용의 CSMA/CD(carrier sense multiple access with collision detection) 방식을 사용한다. 데이터를 보내려는 컴퓨터가 먼저 통신망이 사용 중인지 아닌지 검사한 후에 비어 있을 때 데이터를 보낸다. 통신망이 사용 중이면 일정시간을 기다린 후 다시 검사한다. 통신망이 사용 중인지는 전기적인 신호로 확인할 수 있다. 만약 두 대의 컴퓨터가 동시에 검사하여 통신망이 사용 중이지 않다는 것을 확인하고 동시에 전송하게 되면 충돌이 발생한다. 이런 경우에 대비해서 데이터를 전송한 컴퓨터는 자신의 데이터가 손상되지 않았는지를 확인하여 손상이 있으면 다시 전송하게 된다. 이때 두 컴퓨터의 재전송이 동일한 시간 후에 일어나면 다시 충돌이 발생하므로 재전송 시간은 일정한 방법에 의해 변경된다.

등유(Kerosene)

원유로부터 분별 증류하여 얻는 끓는점의 범위가 180～250℃인 석유

리플 전류(Ripple Current)

교류전류를 정류기 또는 유사한 전력조절장치로 직류 전류로 만들었을 때, 정류 작용이 불충분하여 완전한 직류전류가 되지 못하고 맥류 전류가 되는데 이를 리플 전류라 한다.

막 전극 접합체(Membrane Electrode Assembly, MEA)

전극과 막이 일체형으로 접합된 상태를 말하며, 촉매 코팅 막(Catalyst Coated Membrane, CCM)으로도 불린다. 연료전지에서 실제 전기화학 반응이 발생하는 부분으로 연료전지의 성능을 좌우한다. 막 전극 접합체의 가장 중요한 기술적 지표는 단위면적당 출력성능 및 내구성이다.

막 전극 접합체는 다양하게 형태로 제조되고 있으며, 그 구성 층의 수에 따라 3, 5, 7 layer MEA라 한다. 3 layer MEA는 막과 연료극 및 공기극 촉매로만 접합된 상태이며, 5 layer MEA는 3 layer MEA에 탄소종이나 탄소천과 같은 전극 지지체를 덧붙인 경우이다. 이러한 다공성 지지체가 있는 부분을 기체 확산층(Gas Diffusion Layer, GDL)이라고 한다. 막 전극 접합체로 연료전지 스택을 제조할 때 분리판과의 접촉부분에서 기체 혹은 액체의 누설을 방지하기 위해 가스켓을 필요로 하게 되며, 이 가스켓을 막 전극 접합체에 일체화 시킨 것을 7 layer MEA라고 한다.

아래 그림은 단위 전지(Unit Cell)와 그 내부에 있는 MEA를 확대한 모식도이며, 모식도에서 전해질 막과 연료극, 공기극 촉매층을 합하여 3 layer라 하고, Backing layer라고 되어 있는 기체 확산층을 합하게 되면 5 layer가 된다.

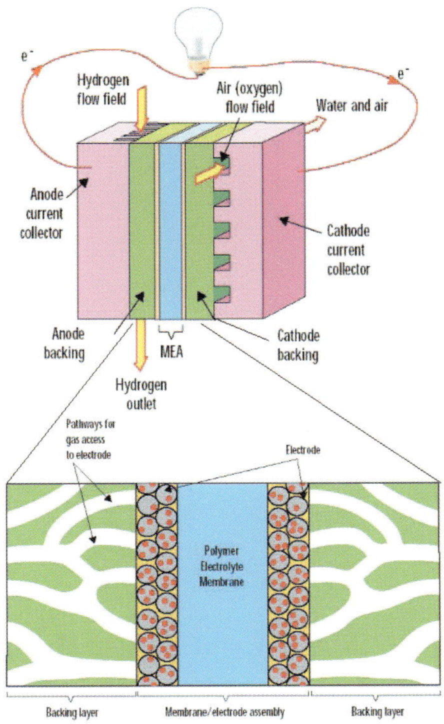

자료출처 : www.optics.rochester.edu

자료출처 : www.gore.com

말기 성능(End Of Life Performance, EOL)

시스템 혹은 장치의 수명이 종료되기 직전의 성능을 의미하며, 특히 MEA 혹은 스택에서 많이 사용된다.

매니폴드(Manifold)

하나의 본줄기 관으로부터 여러 개의 지관이 갈라져있는 관. 연료 변환기에서 각 버너들로 가스를 분배하는 부분, 혹은 버너와 개질기로 분배하는 부분과 연료전지 스택에서 각 셀들로 연료 및 산화제를 분배하는 부분을 말한다. 아래 그림은 연료전지용 분리판이며 크게 보이는 6개의 구멍이 매니폴더가 된다. 내부에 있는 직선형태의 홈을 유로(Flow field)라 하며 여기에서 아래쪽으로 깎인 부분을 채널(Channel), 깎이지 않은 부분을 리브(Rib)라고 한다.

- **외부 매니폴드(External Manifold)** : 연료전지 스택의 매니폴드가 외부에 별도 장착될 경우이며, 분리판은 매니폴드의 형상을 갖고 있지 않고 단지 셀 내부에 형성되어진 유로와 외부 매니폴드로부터 각 셀로 유입되는 연결부의 형상을 가진다.

- **내부 매니폴드(Internal Manifold)** : 연료전지 스택 내부에 매니폴드가 존재할 경우이며, 분리판이 매니폴드의 형상을 갖고 있다.

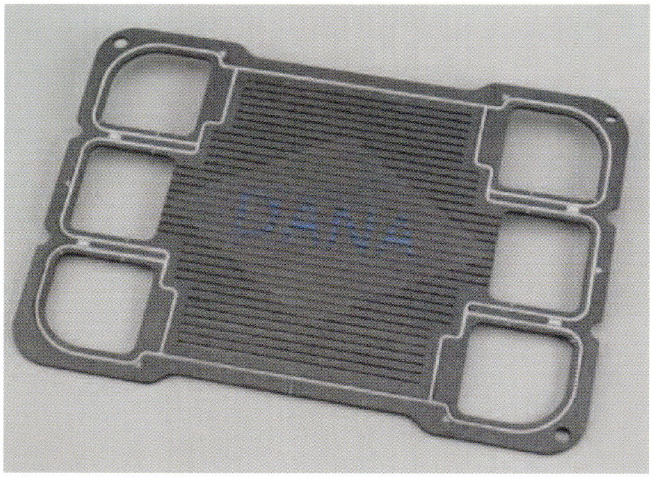

자료출처 : www.dana.com

모노폴라 스택(Monopolar Stack)

연료전지 스택이라 함은 일반적으로 단위전지가 직렬로 연결된 바이폴라형 스택을 일컫지만, 단위전지가 병렬로 연결된 경우 모노폴라 스택이라고 한다. 모노폴라 스택에서의 전류는 각 단위전지에 흐르는 전류의 합과 같고, 바이폴라 스택에서의 전압은 각 단위전지에 걸린 전압의 합과 같다.

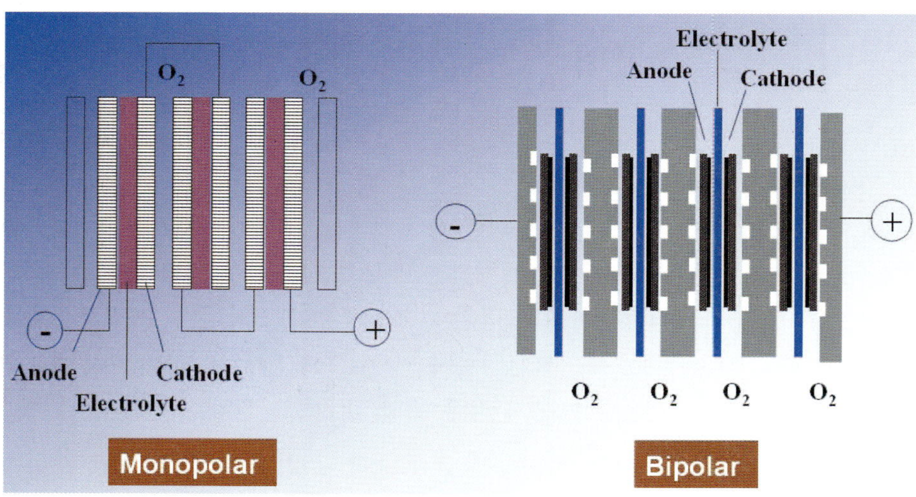

무효 전력(Reactive Power)

교류 전류 회로를 흐르고 있는 전류 가운데 유효 전력이 되지 않는 부분, 즉 전압과 직각위상의 전류 성분을 무효 전류라고 하며, 여기에 해당하는 전력을 무효 전력이라고 한다.

미세 기공층(Microporous Layer)

촉매층(Catalyst Layer)과 기체 확산층(Gas Dissusion Layer) 사이에 있는 카본을 함유한 전기적 전도성 층. 미세 기공층은 촉매층과 기체확산층 사이의 전기적 접촉을 좋게 하고, 전해질 막 전극 접합체(MEA)의 물 관리 특성을 개선하기 위해 도입되었다.

발수성(Hydrophobicity)

물(Liquid)과 접촉하였을 때 계면에너지가 높아서 접촉각(Contact Angle)이 큰 물질을 발수성을 가진다고 하며, 반대의 경우를 친수성(Hydrophilicity)이라고 한다.

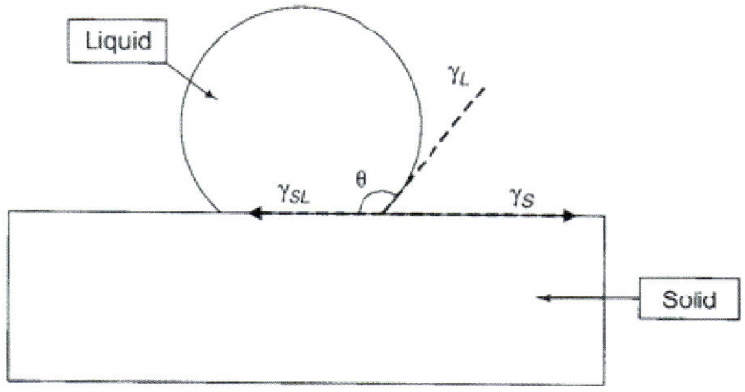

발열량(Heating Value)

단위 질량의 연료가 완전 연소했을 때 방출하는 열량이며 연소열이라고도 한다. 질량 1kg의 고체나 액체연료 또는 1m^{3}의 기체연료가 완전히 연소했을 때 발생하는 열량을 kcal로 나타낸 것으로서, 연료의 성능을 나타내는 가장 중요한 기준이며, 일반적으로 발열량이 클수록 효율이 좋다. 단위는 [kcal/kg] 또는 [kcal/Nm^3]을 사용한다.

- **고위 발열량(Higher Heating Value, HHV)** : 연소 반응에 의해 생성된 모든 수분이 응축된 상태로 존재할 경우의 발열량으로서 연소에 의해 생성된 수분의 응축열(증발잠열)을 함유한 열량이다. 고위 발열량은 열량계로 측정되며 총 발열량이라고도 한다.

- **저위 발열량(Lower Heating Value, LHV)** : 연소 반응에 의해 생성된 모든 수분이 수증기(기체) 상태로 존재할 경우의 발열량이며, 연소에 의해 생성된 수분의 증발 잠열을 포함하지 않은 열량이다.

발열 반응(Exothermic reaction)

반응이 진행될 때 주위로부터 열을 방출하는 반응이며, 반응 물질의 에너지가 생성하고자 하는 물질의 에너지보다 작을 경우에 일어난다. 연료전지 반응(H_2+1/2O_2→H_2O)은 발열 반응이며, 발생되는 열량은 0℃에서 고위 발열량(HHV) 기준으로 285.85[kJ/mol]이다.

발전차액제도

신재생 에너지 설비의 투자경제성 확보를 위해 신재생 에너지 발전에 의하여 공급한 전기의 전력 거래가격이 산업자원부 장관이 정하여 고시한 기준 가격보다 낮은 경우, 기준 가격과 전력 거래가격과의 차액(발전차액)을 지원해주는 제도이다.

- 적용대상 전원별 설비용량 및 기준가격(2006.8.30일 기준)

<table>
<tr><th colspan="2" rowspan="2">전원</th><th rowspan="2">적용설비
용량기준</th><th colspan="2" rowspan="2">구분</th><th rowspan="2">변경전
(원/kWh)</th><th colspan="2">변경후(원/kWh)</th><th rowspan="2">비고</th></tr>
<tr><th>고정요금</th><th>변동요금</th></tr>
<tr><td colspan="2" rowspan="2">태양광</td><td rowspan="2">3kW이상</td><td colspan="2">30kW이상</td><td rowspan="2">716.40</td><td>677.38</td><td rowspan="2">-</td><td rowspan="2">감소율 4%
(3년 이후)</td></tr>
<tr><td colspan="2">30kW미만</td><td>711.25</td></tr>
<tr><td colspan="2">풍력</td><td>10kW이상</td><td colspan="2">-</td><td>107.66</td><td>107.29</td><td>-</td><td>감소율2%
(3년 이후)</td></tr>
<tr><td colspan="2" rowspan="4">수력</td><td rowspan="4">5MW이하</td><td rowspan="2">일반</td><td>1MW이상</td><td rowspan="4">73.69</td><td>86.04</td><td>SMP+15</td><td rowspan="4"></td></tr>
<tr><td>1MW미만</td><td>94.64</td><td>SMP+20</td></tr>
<tr><td rowspan="2">기타</td><td>1MW이상</td><td>66.18</td><td>SMP+ 5</td></tr>
<tr><td>1MW미만</td><td>72.80</td><td>SMP+10</td></tr>
<tr><td colspan="2">폐기물 소각
(RDF 포함)</td><td>20MW이하</td><td colspan="2">-</td><td>SMP+CP</td><td>-</td><td>SMP+ 5</td><td rowspan="6">화석연료
투입비율:
30%미만</td></tr>
<tr><td rowspan="5">바이오
에너지</td><td rowspan="2">LFG</td><td rowspan="2">50MW이하</td><td colspan="2">20MW 이상</td><td>61.80</td><td>68.07</td><td>SMP+ 5</td></tr>
<tr><td colspan="2">20MW 미만</td><td>65.20</td><td>74.99</td><td>SMP+10</td></tr>
<tr><td rowspan="2">바이오
가스</td><td rowspan="2">50MW이하</td><td colspan="2">150kW 이상</td><td rowspan="3">-</td><td>72.73</td><td>SMP+10</td></tr>
<tr><td colspan="2">150kW 미만</td><td>85.71</td><td>SMP+15</td></tr>
<tr><td>바이오
매스</td><td>50MW이하</td><td colspan="2">목질계 바이오</td><td>68.99</td><td>SMP+ 5</td></tr>
<tr><td rowspan="4">해양
에너지</td><td rowspan="4">조력</td><td rowspan="4">50MW이상</td><td rowspan="2">최대조차
8.5m 이상</td><td>방조제유</td><td rowspan="4">62.81</td><td>62.81</td><td>-</td><td rowspan="4"></td></tr>
<tr><td>방조제무</td><td>76.63</td><td>-</td></tr>
<tr><td rowspan="2">최대조차
8.5m 미만</td><td>방조제유</td><td>75.59</td><td>-</td></tr>
<tr><td>방조제무</td><td>90.50</td><td>-</td></tr>
<tr><td colspan="2" rowspan="2">연료전지</td><td rowspan="2">200kW이상</td><td colspan="2">바이오가스 이용</td><td rowspan="2">-</td><td>234.53</td><td>-</td><td rowspan="2">감소율3%
(2년 이후)</td></tr>
<tr><td colspan="2">기타연료 이용</td><td>282.54</td><td>-</td></tr>
</table>

배출 열(Exhaust Heat)

연료전지 시스템에서 기계적, 화학적, 전기화학적 과정에 의해 생산되어 배출되는 열

- **배출 열 회수(Exhaust Heat Recovery)** : 시스템에서 발생된 열을 열 교환기 등을 통해 회수하여 유효한 에너지로 사용할 수 있으며, 이러한 과정을 배출 열 회수라고 한다. 연료전지시스템에서는 배출 열 회수를 통해 열병합 시스템을 구현할 수 있다.

배플(Baffle)

가스, 공기, 혼합가스 혹은 배출가스의 흐름을 방해하거나 방향을 변화시키기 위해 고안된 물체이다. 특히 배출 가스(Flue Gas)의 경로에 위치하여 배출 가스의 흐름을 제한시키거나 개선하는 역할을 하게 되는데, 열 교환기의 돌기가 그 한 예이다.

밸브(Valve)

관로(管路)의 도중이나 용기에 설치하여, 유체의 유량·압력 등의 제어를 하는 장치로 목적에 따라 그 종류가 다양하다. 일반적으로 가장 널리 사용되고 있는 것은, 스톱밸브(글로브밸브 및 앵글밸브)·슬루스 밸브·체크 밸브 감압 밸브 등이며 콕도 밸브의 일종이다. 밸브의 형식·치수는 규격에 규정되어 있다.

- **체크 밸브(Check Valve)** : 위험 방지 또는 기능 확보 등을 위해, 한쪽 방향만의 흐름을 허용하고, 반대 방향의 흐름을 방지하는 밸브를 말한다.
- **감압 밸브(Reducing Valve)** : 유체의 압력을 자동적으로 감압하고, 감압 후의 압력을 일정하게 유지하기 위한 밸브이다.

버너(Burner)

가스, 기름, 미분체와 같은 기체, 액체, 분체 연료를 고속으로 내뿜는 장치

부분 압력(Partial pressure)

부분압, 분압이라고도 하며, 여러 기체가 섞여 있을 때 각각의 성분기체가 나타내는 압력을 말한다. 돌턴(Dalton)의 부분 압력의 법칙에 따르면 혼합 기체의 전체 압력은 각 성분의 부분 압력의 합과 같으며, 각 성분 기체의 부분 압력은 전체 기체에서 그 기체가 차지하는 몰 분율에 비례한다.

부하 추종(Load Following)

전력 생산장치가 부하의 요구에 따라 요구한 만큼의 전력을 생산하는 운전 방식

분극(Polarization)

전극과 전해질 사이에 전기가 흐른 결과, 원래의 전류 방향과 반대 방향의 기전력이 생기는 현상이며, 특히 전지의 경우 전류의 경로에 관계한 전압의 변이현상을 의미한다. 이 경우 전지의 전위는 평형[가역]전위로부터 벗어나게 되며, 그 종류로는 활성화 분극(Activation Polarization), 저항 분극(Ohmic Polarization), 농도 분극(Concentration Polarization) 등이 있다. 이때 평형 전위로부터 벗어난 차이를 과전위(Overvoltage)라고 한다.

- **활성화 분극(Activation Polarization)** : 전극표면에서의 전기화학 반응의 속도가 느린 전극 반응 속도에 의해 지배될 때, 활성화 분극이 존재하게 된다. 이것은 화학 반응에서 반응물이 활성화 장벽을 넘는 것과 유사하며, 연료전지에서는 개회로 전압(OCV)이 이상 전위(EMF)보다 낮게 만드는 분극이며, Charge Transfer Mechanism과 속도에 관계한다.
- **저항 분극(Ohmic Polarization)** : 용액 혹은 전해질 막의 전도도가 무한대가 아니기 때문에 발생되는 분극이며, 전도도의 증가 혹은 전극 간의 거리를 줄임으로써 저항 분극으로 인해 발생되는 과전위를 감소시킬 수 있다. 저항 분극은 전해질 뿐만 아니라 분리판이나 전극에서의 전기저항 성분에도 영향을 받는다.
- **농도 분극(Concentration Polarization)** : 전극표면과 벌크(Bulk) 사이에서의 농도 차이에 의해 발생되는 분극이며, 물질전달[확산] 속도에 기인한 분극이다. 연료전지의 경우 분극 곡선(Polarization Curve)의 고전류 영역에서 전지의 전압이 급격히 감소하게 되는 변곡점이 발생하게 되는데, 이것이 농도 분극이며 이 때의 전류를 제한 전류라고 한다.

분극 곡선(Polarization Curve)

전류 혹은 전류 밀도의 함수로서 연료전지의 전압을 도시한 곡선이며, 연료전지의 기본적인 성능을 나타내기 위해 가장 많이 사용하는 그래프이다. IV plot(또는 IV characteristics) 라고도 불린다. 연료전지의 평가에 따라 분극 곡선 그리고 이를 이용해 활성화 분극, 저항 분극, 농도 분극 등을 구분할 수 있으며, 분극 곡선에서 나타난 과전위의 차와 곡선의 기울기를 통해 각 분극의 특성 및 연료전지의 기본 특성을 확인 할 수 있다. 아래의 그림은 분극 곡선의 전형적인 모식도이다.

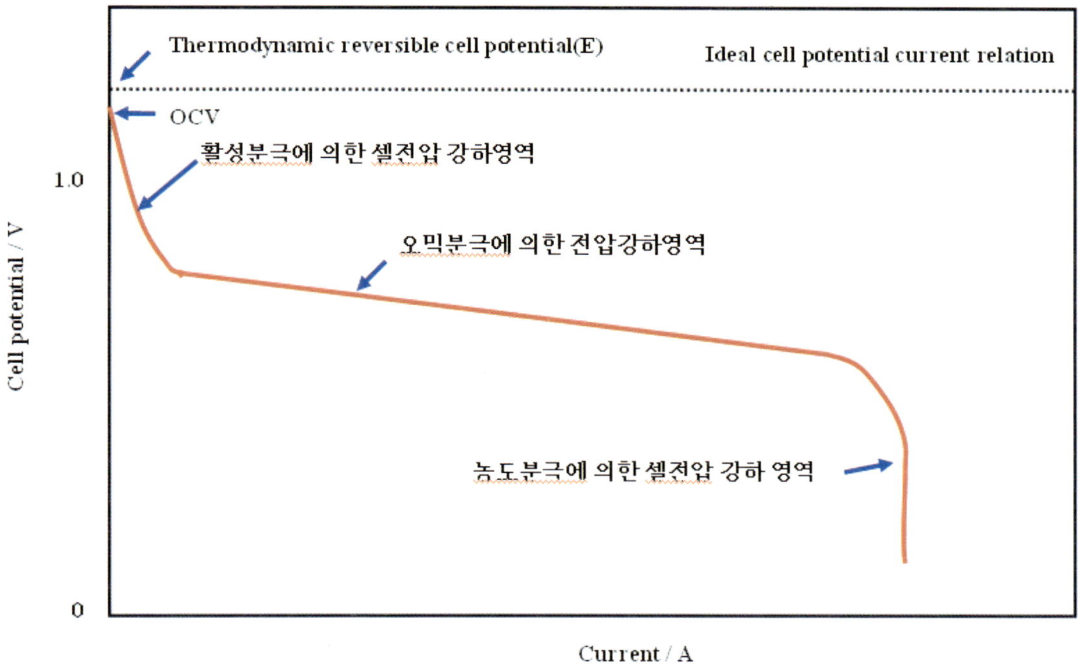

분리판(Separator, Bipolar Plates)

연료전지 스택에서 각 전지를 분리하고 있는 전도성 판이며, 흔히 바이폴라 플레이트(Bipoalr Plates)라고 하는데, 이는 분리판이 인접한 두 전지에서 한 전지에서는 연료극판으로 다른 한 전지에서는 공기극판으로 역할하기 때문이다. 분리판은 연료가스와 공기를 차단하는 역할 외에 연료가스와 공기의 유로 확보 및 외부회로에 전류를 전달하는 역할을 하므로 높은 전기 전도성, 내식성, 열전도성과 함께 낮은 기체 투과성이 요구된다.

이 판은 주로 수지가 함침된 흑연판, 탄소복합체 판, 금속 판 등으로 제작 되어지며, 이 판에는 유체의 흐름을 돕기 위해 유로가 형성되어 있다. 또한 이 판은 전지에서 발생된 열을 연료전지 스택 전체에 분배하는 역할도 하며, 과도하게 발생된 열은 공랭식 혹은 수냉식 열 교환을 통해 회수되어 버려지거나 사용할 수 있다.

- **수지 함침 흑연판** : 흑연판에 수지(Resin)를 함침하여 기계 가공을 통해 기체 유로를 형성시킨 연료전지용 분리판이다. 전기 및 열전도성이 매우 높고, 부식에 매우 강하기 때문에 연료전지 연구개발 초기 단계부터 주로 사용되어 지고 있다.

- **탄소 복합체 분리판** : 탄소 복합체 분리판은 탄소와 수지를 섞은 상태에서 몰딩을 통해 분리판을 제작한 연료전지용 분리판이다. 이 경우 수지함침 흑연판에 비해 다소 전기 전도성 및 열전도성이 낮아질 수 있는데, 수지의 선정 및 몰딩 방법의 최적화를 통해 수지 함침 흑연판과 유사한 수준의 연료전지 성능을 구현시킬 수 있다.

자료출처 : www.ornl.gov

- **금속 분리판** : 금속(주로 스테인리스 스틸)을 가공/주물/몰딩 등을 통해 제작 되어지며, 전기 및 열전도성은 매우 높으나, 내부식성이 약한 단점이 있다. 표면 처리나 코팅, 합금 등을 통해 내부식성을 향상시켜 연료전지 스택에 사용되어지고 있다.

자료출처 : www.wiba.de

분산 발전(Distributed Generation)

대용량의 발전소에서 전기를 생산하여 소비자에게 공급하는 형태가 아니라 소규모의 전력생산을 소비자 인근지역에서 생산하여 전기를 공급하는 발전방식이다. 분산 발전의 경우 송전에 의한 손실을 억제할 수 있고, 송전탑이 불필요하다는 장점을 가진다.

비열(Specific heat)

단위 질량을 가진 물체의 열용량으로, 보통은 1g인 물체의 열용량, 즉 1g인 물체의 온도를 1℃ 높이는 데 필요한 열량을 말한다. 물체의 비열은 온도에 따라 변화하며, 대체적으로 상온 부근에서는 물질에 따라 고유한 값을 가진다. 다만 기체의 경우는 일정 부피에서 비열(정적 비열)보다 일정 압력에서의 비열(정압 비열)이 더 크며, 이론적인 계산으로 이러한 기체에서의 비열 차이는 상온, 상압 하에서는 분자량의 역수의 2배가 된다. 엄밀하게는 액체나 고체의 경우에도 정적 비열과 정압 비열을 구별해야 하지만, 그 차이는 아주 근소하기 때문에 보통은 정압 비열을 그 물체의 비열로 한다.

생성 열(Heat of Formation)

각 원소의 홑원소물질로부터 한 화합물 1몰을 만들 때 흡수 또는 발생하는 열량으로, 성분 원소의 엔탈피 총합에서 화합물의 엔탈피를 뺀 것인데, 이때 표준 생성열은 표준 연소열로부터 헤스의 법칙을 이용하여 추산할 수 있다.

서브 스택(Sub-stack)

연료전지 스택의 제작 및 평가에는 많은 비용과 시간적 소모가 발생하게 되는데, 이를 줄이기 위해 단위 전지를 이용해 다양한 평가를 수행한 후 이를 스택에 적용한다. 하지만 단위 전지만으로는 정확한 평가자료의 산출이 어려우므로 스택과 동일한 디자인을 갖는 분리판을 이용하여 수개의 단위 전지를 적층하여 만든 서브 스택을 이용하여 보다 스택의 실제 운전에 가까운 신뢰성 있는 자료를 얻을 수 있다. 서브 스택의 셀 수는 제작할 스택의 특성을 서브 스택 평가를 통해 도출해 낼 수 있도록 적절하게 결정되어야 한다. 숏 스택(Short stack)이라고도 한다.

성형(Molding)

정반 위에 모형판을 장치하고 틀을 놓은 다음, 재료를 넣어서 상하로 진동을 하거나 압축, 가온 등을 행하면서 물품을 제작하는 방법을 말하며, 연료전지 분리판에 제작에 몇 가지 방법을 통하여 제작된다.

- **사출 성형(Injection Molding)** : 플라스틱의 성형 가공법으로 열가소성 수지를 성형하는 방법의 중심을 이루고 있다(열경화성 수지도 적용 가능하다). 탄소 분말(Carbon Powder)과 수지, 첨가제를 혼합한 컴파운드를 호퍼에 넣은 후 피스톤으로 밀게 되면 컴파운드가 가열장치를 통해 금형 속으로 사출되면서 금형의 구석까지 흘러들어가게 된다. 다시 피스톤이 되돌아오면서 금형이 분리되면서 성형된 분리판을 얻을 수 있다. 분리판의 형상이나 컴파운드의 조성 등에 따라 금형을 맞게 제작하여야 한다.

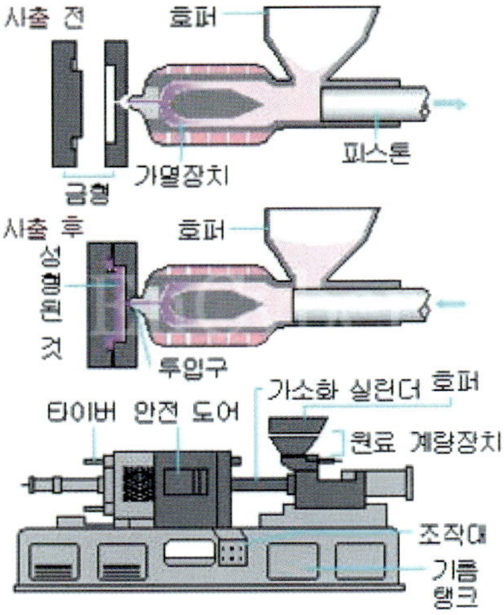

- **압축 성형(Compression Molding)** : 열경화성 수지 혹은 열가소성 수지를 성형하는 방법. 탄소 분말과 수지, 첨가제 등을 혼합한 컴파운드를 가열한 금형에 넣고 암형을 밀어 올려서 닫은 다음 열과 압력을 가한다. 그 동안에 분말은 경화되어 필요한 형상이 되는데, 다음에 금형을 열고 성형품을 꺼낸 후 다듬질 작업을 진행하여 분리판 제작을 완료한다. 근래까지는 성형으로 제작된 연료전지용 탄소복합체 분리판의 경우 사출성형에 비해 열경화성 수지를 사용한 압축성형이 분리판의 전도도가 높게 나타나는 경향이 있으며, 사출 성형과 압축 성형을 함께 사용하기도 한다.

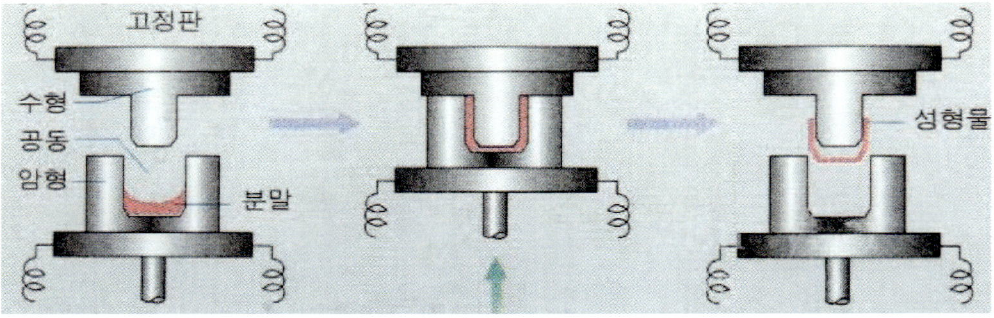

- **기타** : 이외에 압축 성형과 사출 성형을 동시에 사용하는 압축 사출 성형(Compression Injection Molding)과 CO_2 초임계 사출 방법 등이 이용되어진다.

센서(Sensor)

여러 종류의 물리량을 검출하고 계측하는 기능을 갖춘 소자. 출력신호는 원격 조작이 쉽고, 증폭과 축적이 쉬운 전기신호를 주로 사용한다.

셀(Cell)

연료전지 스택은 여러 개의 단위 셀이 직렬로 적층되어 있는 것이며, 이 각각의 하나를 셀이라고 하며, 하나의 셀만으로 이루어진 전지를 단위전지라고 한다. 셀은 반응이 직접 일어나는 전극과 전해질(막), 이를 지지하고 있는 부분과 기체 혹은 액체가 흐르는 유로가 형성된 분리판 등의 하부구조를 갖고 있다.

소결(Sintering)

분말체를 적당한 형상으로 가압 성형한 것을 가열하면 서로 단단히 밀착하여 고결(固結)하는 현상을 말한다. 특히 연료전지에서는 촉매의 크기가 수 나노(Nano)로 매우 작아서 표면 에너지가 매우 높기 때문에 연료전지의 운전이 계속됨에 따라 인접한 촉매들끼리 뭉쳐서 고결되어 표면 에너지를 낮추다. 이러한 현상도 연료전지의 성능이 시간에 따라 감소하는 원인 중의 하나가 된다.

송풍기(Blower)

송풍기는 유동을 일으키는 임펠러(Impeller)와 임펠러로 들어가고 나오는 유동을 안내하는 케이싱으로 이루어진다. 송풍기는 압력을 받는 상태에서 공기 또는 기체를 원하는 방향으로 보내주는 장치이다.

수소연료전지 자동차 모니터링 사업

산업자원부에서 연료전지 자동차의 조기 상용화 및 경쟁력 확보를 위해 시작한 사업이며, '06~'08년간 국비 240억 원(총사업비 480억 원, 민자 240억 원)을 투입할 계획이다. 이 사업은 '08년까지 국산 연료전지를 탑재한 연료전지 차량(34대, 버스 4대 포함)을 전략적 위치에 투입, 운행하는 실도로 모니터링을 진행한다. 이와 병행하여 기술표준체제 마련, 전문부품업체 육성, 수소충전소 법규정비 등 인프라 구축기반을 조성할 계획이다.

1차년도에는 80kW급 연료전지 승용차의 기준가격을 10억 원으로 산정하고 4대를, 200kW급 연료전지 버스의 기준가격을 30억 원으로 산정하고 1대를 시범보급 및 모니터링을 실시하고, 연료전지의 핵심부품인 스택 등은 국산제품을 사용하게 된다.(국산화 비율 50%) 최종년도인 3차년도(2008년)에는 80kW급 연료전지 승용차의 기준가격은 6.5억 원, 200kW급 연료전지 버스는 15억 원으로 인하되고 국산화 비율은 70%까지 끌어올릴 계획을 갖고 있으며, '현대기아자동차'에서 사업을 주관하고 있다. 현대자동차(Hyundai Motor Company)는 다임러 크라이슬러사, 토요타 히노사에 이어 세계에서 3번째로 수소연료전지 탑재버스를 개발하였으며, '수소연료전지 자동차 모니터링 사업'의 발대식에서 160kW급 국산연료전지 스택을 장착한 연료전지 자동차를 공개한 바 있다.

수소 저장 기술(Hydrogen Storage Technique)

수소를 용기 상태로 저장하는 기술. 수소를 파이프라인이 아닌 용기 상태로 운반하거나 자동차 등에 탑재하기 위해서는 안정성이 높은 수소 저장 방식 개발이 필수적이다.
수소 저장 기술은 주로

(1) 기상인 수소를 압축하거나 액화하여 저장용 탱크에 저장하는 방법
(2) 금속 수소화물(Metal ydride)에 수소를 저장하는 방법
(3) 탄소 나노 튜브(Carbon Nanotube)에 수소를 저장하는 방법
(4) 화학적 수소화물(Chemical Hydride)을 가수분해하여 수소를 생산하는 방법

등이 있다.

수소화물(Hydride)

수소와 다른 원소가 화합한 2원소 화합물의 총칭으로, 보통은 수소보다 양성인 원소와의 혼합물을 가르키며, 휘발성 수소화물, 염류형 수소화물 및 금속형 수소화물 등으로 나뉜다. 수소화물을 이용하여 수소를 저장하고, 수소를 사용하고자 할 때 이를 분해하여 수소를 다시 꺼낼 수 있기 때문에 이를 이용한 수소 저장 방법이 사용된다.

순환 전압 전류법(Cyclic Voltammetry, CV)

순환 전압 전류법은 많은 전기화학 측정법 중에서, 전극 표면 또는 전극표면 근방에서 어떠한 반응이 일어나고 있는가를 가장 직접적으로 파악할 수 있는 방법의 하나이다. 그러므로 CV는 전기화학적으로 활성인 산화환원 화학종의 전극반응의 "초기 진단법"으로 유용하여, 다른 전기 화학적 측정법과 조합하여 이용하고 있다. 얻어지는 전류 전위곡선을 순환 전압 전류 곡선(Cyclic Voltammogram)이라 부르는데, 이것은 전위주사의 함수로서 산화환원 화학종에 관한 정보를 준다. 전기화학 이외에도 무기화학, 유기화학, 고분자화학, 생화학 등 분야에서 빈번히 이용되고 있다. 예를 들면, 산화환원 쌍의 형식, 산화환원 전위, 평형상수, 농도, 전극반응에 관여하는 전자수, 화학반응의 속도상수, 흡착현상, 전자 이동반응의 속도론적 파라미터 등도 구할 수 있다. 정성적 및 반정량적 측정에서는 매우 편리한 측정법이지만 정량적 측정에서는 펄스(pulse)법, 스텝(step)법 등을 이용하는 것이 좋다.

스택(Stack, Fuel Cell Stack, Cell Stack)

연료전지 스택(Fuel Cell Stack) 또는 셀 스택(Cell Stack)으로도 불리며, 여러 개의 셀들이 직렬연결(Series Connection)되어 있고, 수소 원료의 화학적 에너지를 전기 에너지로 직접 변환시켜 직류 전류를 생성하는 발전장치로 휴대형 장치의 구동, 가정용 전원 공급 또는 차량 주행에 필요한 전원을 공급하는 역할을 한다.
스택은 반응기체가 흐를 수 있도록 가공 혹은 몰딩된 두 개의 분리판과 그 사이에서 전기화학 반응을 일으키는 막 전극 접합체(MEA), 분리판과 막 전극 접합체 사이에서 기체의 흐름을 조절하

는 가스 확산층(Gas Diffusion Layer, GDL)과 밀봉을 위한 가스켓으로 구성되어 있다. 스택의 전압은 적층된 셀의 개수에 비례하며, 전류는 MEA의 면적에 비례한다. 또한 스택은 생산된 전류를 외부로 제공하기 위한 전류 집전체(Current Collector), 체결이나 단열, 절연 등의 역할을 하는 체결판(End Plate) 및 체결장치 등으로 구성된다.

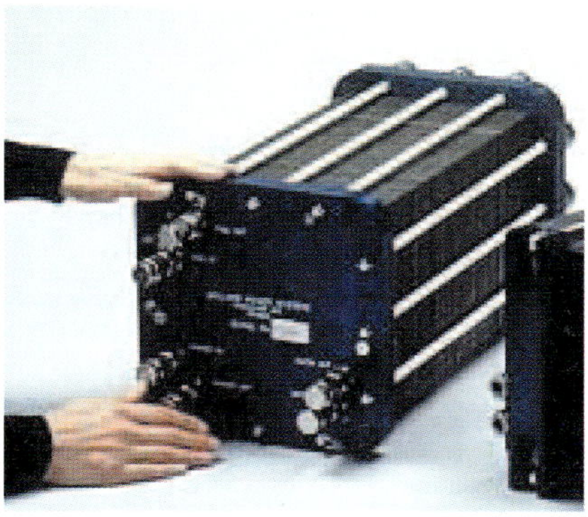

자료출처 : www.eere.energy.gov

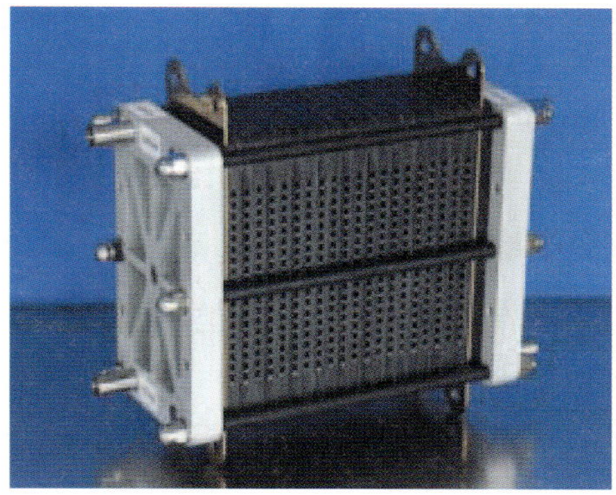

자료출처 : www.fuelcellknowhow.com

- **Stacking** : 스택을 쌓는 과정
- **Non Repeated Components** : 연료전지의 셀 부분(전해질 막 전극 접합체, 분리판)을 제외한 부분이며, 일반적으로 스택 하드웨어(Stack Hardware)라고 불린다. 체결판(End Plate), 전류 집전체(Current Collector), 체결용 볼트(Tie rods), 절연체(Insulator) 등이 여기에 해당된다.
- **Repeated Components** : 연료전지 스택을 구성함에 있어서 반복적으로 놓여 있는 부품을 말하며, 전해질 막 전극 접합체(연료극, 공기극, 전해질, 촉매층, 기체 확산층, 미세 기공층 등), 분리판 등이 해당된다.

스택 컨디셔닝(Stack Conditioning or Cell Conditioning)

연료전지 스택(혹은 셀)의 온도/압력/습도 등을 단계별로 올리면서 셀 내부의 각종 유기물질 등을 제거하는 과정. 연료극에는 수소, 공기극에는 공기를 공급하면서 과정을 진행하며, 간혹 질소를 사용하기도 한다.

습도(Humidity)

일반적인 습도는 상대습도를 말하며 대기 중 수증기량의 표현법으로는 습도 이외에도 혼합비, 수증기압, 비습, 이슬점 온도 등을 사용한다. 습도와 가장 밀접한 관계에 있는 물리량은 수증기압이며, 공기 중 수증기의 부분압력을 수증기압이라고 한다. 습도에는 상대습도와 절대습도가 있다.

- **상대습도(Relative Humidity)** : 현재 포함한 수증기량과 공기가 최대로 포함할 수 있는 수증기량(포화수증기량)의 비를 퍼센트(%)로 나타낸 것이다. 포화수증기량은 온도에 따라 변하며, 주어진 온도에서 포화수증기압과 현재의 수증기압을 알면 상대습도를 구할 수 있다.

  상대습도[%] = (현재 수증기압 / 포화수증기압) × 100

- **절대습도(Absolute Humidity)** : 공기 $1m^3$ 중에 포함된 수증기의 양을 g으로 나타낸 것이며, 수증기밀도 또는 수증기농도라고도 한다. 절대습도는 기온에 따라 수증기가 공기에 포함될 수 있는 최대값이 정해져 있으며, 그 값은 기온이 높으면 커지고 낮으면 작아진다.

알카라인 연료전지(Alkaline Fuel Cell, AFC)

농축수산화칼륨(Concentrated KOH)을 전해질로 사용하는 연료전지, 수산화칼륨의 농도는 전지의 작동온도(최대 250℃)에 따라 35~85wt% 범위에서 선택된다. 공기극(Cathode)에서 생산된 수산화이온(OH^-)은 전해질을 통해서 연료극(Anode)으로 이동하고, 연료극에서 수소와 반응하여 물을 생성하면서 전기를 발생시킨다.

- 연료극 반응(Anode reaction) : $H_2 + 2OH \rightarrow 2H_2O + 2e$
- 공기극 반응(Cathode reaction) : $1/2O_2 + H_2O + 2e \rightarrow 2OH$
- 전체 반응(Overall reaction) : $H_2 + 1/2O_2 \rightarrow H_2O$

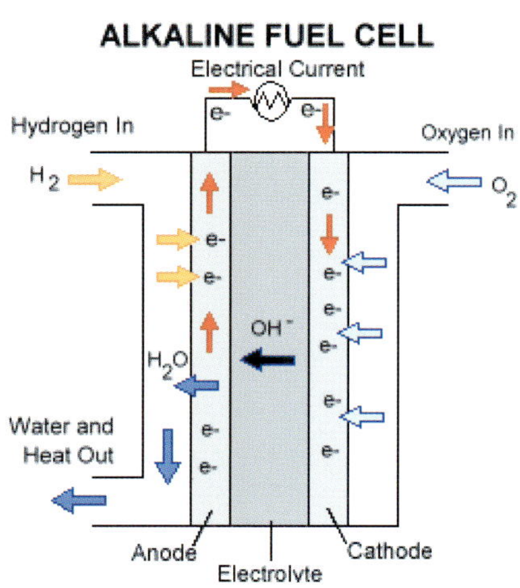

자료출처 : www.eere.energy.gov

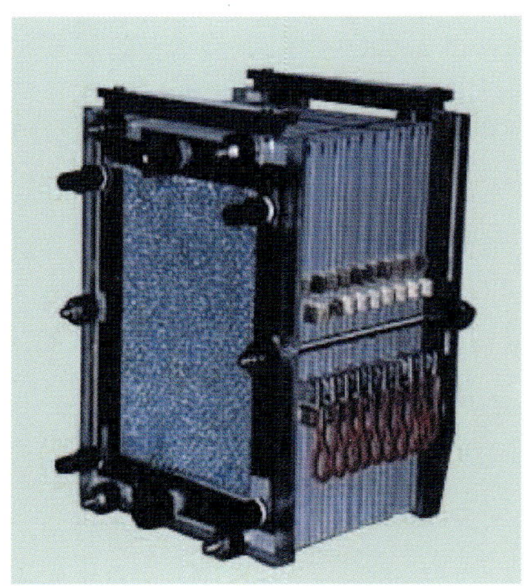
자료출처 : www.hohsen.co.jp

압력(Pressure)

물체와 물체의 접촉면 사이에 작용하는 서로 수직으로 미는 힘.

CGS 단위계로는 $dyne/cm^2$, MKS 단위계로는 N/m^2(=Pa:파스칼)이 쓰이는데, 기상학에서는 hPa(헥

토파스칼) · bar(바) · mbar(밀리바), 공업상으로는 atm, 또는 kgW/cm^{2}가 주로 쓰인다. 액주(液柱)가 밑면에 미치는 압력은 액체의 밀도와 액주의 높이의 곱이 되므로, 액체를 지정(수은 · 물 · 알코올 등)해서 액주의 높이로 압력의 크기를 나타내는 mHg(수은주 미터) · mmHg(수은주 밀리미터)의 단위로 표시하기도 한다.

- 1bar = 14.503774psi = 100kPa=1.019716kgf/cm^2= 750.061683mmHg
- 1atm = 14.695psi = 101.292kPa = 1.013bar
  [atm] = (수은밀도) × (중력가속도) × (수은주 높이)

압력센서 (Pressure Sensor)

압력센서는 평행한 다이어프램에 물 혹은 공기의 압력이 도달 했을때 다이어프램의 변형에 따른 mV/uF 등이 변하는 데 이것을 증폭하여 4~20mA나 0~5V로 출력하며, 이를 이용해 압력을 측정할 수 있다. 센서의 종류는 기계식 압력센서, 전기식 압력센서, 반도체식 압력센서로 구분할 수 있다.

- **기계식 압력센서** : 기계식인 것에는 많은 종류가 있지만 그 중에서 탄성식의 full dome 이 많이 사용되고 있다. 이 방식은 개방된 고정단으로부터 측정압력을 도입하면 다른 밀폐된 관의 선단이 이동하고, 이관선 이동량은 관내 압력의 크기에 비례하므로, 이동량은 기계적으로 확대된 압력을 지시한다. 다이어프램이라 불리는 압력센서는 원판 측면의 압력 차에 비례하여 원판이 변형하고, 그 변위로부터 압력을 측정하는 원리이다. 그리고 원통의 내부와 외부의 압력 차에 의해 주름상자가 신축하여, 그 변위량이 압력 차에 비례하는 것으로부터 측정 압력을 알 수 있다.
- **전기식 압력센서** : 전기식 압력센서의 대다수는 기계적인 변위를 어떤 방법으로 전기신호로 변환하는 것이고, 기본적으로는 기계식과 동일하다.
  (1) 정전 용량식 압력 센서 : 2개의 물체(전극) 간의 정전용량 변화로부터 그 사이의 변위를 측정하는 방법을 기본적으로 이용한다. 다이어프램 등에서 생기는 압력에 의한 변형에 의해 가동전극을 변위시켜, 그것에 의한 정전 용량의 변화를 변환시켜 압력을 전기적으로 검출한다.
  (2) 역평형식 압력 센서 : 측정 압력에 비례하여 발생하는 힘과 외부에서 전자적으로 만들어지는 힘이 평형하게 되어 측정압력을 전류와 전압 등으로 읽게 되는 센서이다. 압력검출소자로서는 다이어프램, 벨자, 풀돔관을 이용한다. 검출소자가 측정 압력에 따라 변위되지 않도록 전자적인 외력을 소자에 작용시켜, 힘의 평형을 유지하기에 필요한 전류와 전압이 측정압력에 비례하는 것으로부터 측정압력을 검출한다.
- **반도체식 압력센서** : 반도체식 압력센서는 압력을 받아서 그것을 왜응력으로 변환하는 다이어프램과 다이어프램에서 발생하는 동력을 전기신호로 변환하는 부분의 2가지 요소로 구성되어

있다. 실리콘을 이용한 반도체 압력센서에서는 다이어프램은 단결정 실리콘을 화학적으로 에칭(etching)해서 형성되어진다. 다이어프램에 발생하는 응력을 전기신호로 변환하는 방법으로서 진동자의 고속진동수의 변화를 검출하는 것과 표면탄성파를 이용하는 것이 있으며, 주로 압 저항식과 정전 용량식의 두 종류가 있다.

(1) 압 저항식 : 실리콘의 압 저항효과는 p형과 n형에 따라 압 저항소자의 전도형이나 압 저항소자가 형성되는 결정면에 의하여 다르며, 또는 결정방위 의존성이 있다 보통 (100) 면 또는 (110) 면의 압 저항소자를 이용한다. 브릿지의 구동방법으로서 정전압 방식과 정전류 방식이 있다.

   압 저항계수는 부의 온도 특성을 갖고 있기 때문에, 정전압으로 브릿지를 구동하면 압력에 대한 감도가 부의 온도계수를 갖게 된다. 따라서 정전압 방식의 경우는 반도체 압력센서의 신호를 증폭하는 증폭기의 증폭률이 정의 온도계수를 가지게 되는 것으로서 감도의 온도보상을 행한다. 한편, 정전류 방식의 경우는 압 저항소자의 저항치 자체에 정의 온도의존성이 있기 때문에 압 저항효과의 부의 온도특성과 잘 매칭(matching) 되는 것으로 감도의 온도보상이 된다.

(2) 정전 용량식 : 정전 용량식은 서로 마주보고 있는 전극판의 간격을 외부로부터의 응력에 의하여 변화시키면 그 전극간의 정전 용량이 변화한다. 이 정전 용량 변화를 전기신호로 변환시키면 응력이 검출된다. 이 원리를 이용한 것이 정전 용량식 반도체 압력센서이다. 정전 용량식의 경우는 반도체 특유의 특성을 응용하고 있지 않기 때문에 반드시 반도체에 한정되지 않으며, 단결정 실리콘이 다이어프램의 소재로서 우수하다는 것과, 미세가공이 용이하다는 것으로 정전 용량식에 실리콘이 많이 이용되고 있다.

압축비(Compression ratio)

내연기관에서 실린더 안으로 들어간 기체가 피스톤에 의해 압축되는 용적의 비율

여과기(Filter)

여과용 기기 및 장치의 총칭. 재료는 철망, 직포, 거름종이, 유리섬, 다공관, 탄소 등 용도에 따라 매우 다양하게 사용된다. 연료전지에서는 주로 연료나 공기, 냉각수 등의 불순물들을 제거하기 위해 사용한다.

역률(Power Factor)

교류회로에서 유효전력과 피상전력(皮相電力)과의 비를 말하며, 직류회로에서는 전압과 전류와의 곱이 전력이 되나, 교류회로에서는 전류와 전압의 실효치와의 곱이 반드시 전력으로 되지는 않는다. 교류회로에서는 전압과 전류와의 곱을 피상전력이라 하고, 이에 역률을 곱해야 비로소 전력이 된다.

연료 변환기(Fuel Processor)

일반적으로 개질기(Reformer)라고도 불린다. 연료전지에서의 개질 반응이란 탄화수소계 화석연료로부터 연료전지에 사용되는 연료인 수소를 만들어내는 반응을 의미하며, 이러한 장치를 연료변환기라 한다.
아래 그림은 가정용 연료전지 시스템에 사용되는 연료변환기 이며 왼쪽이 도쿄가스에서 제작한 원통형 연료변환기이고, 오른쪽이 오사카가스에서 제작한 평판형 연료변환기이다.

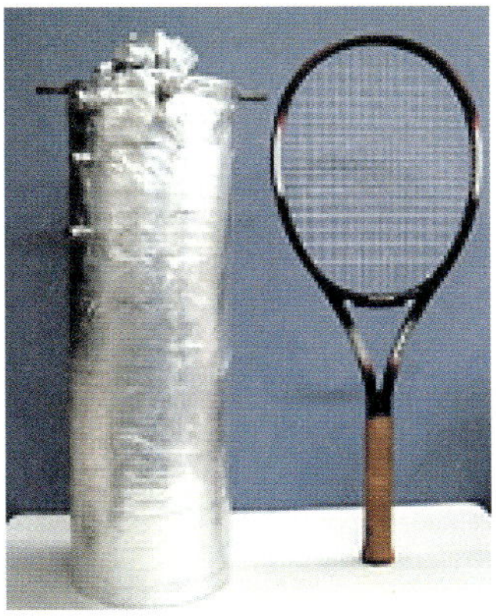

자료출처 : www.tyokyogas.co.jp

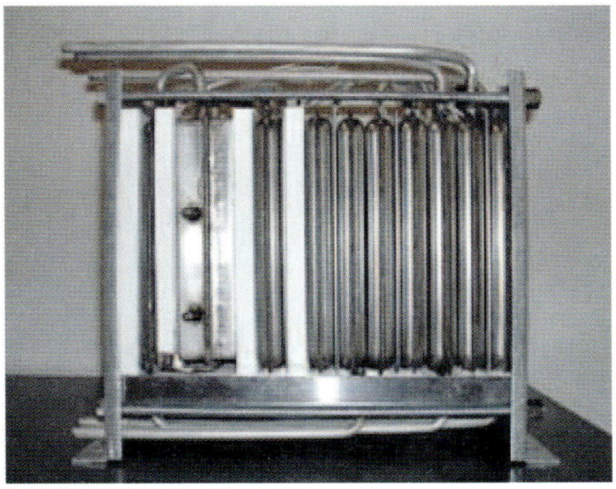

자료출처 : www.osakagas.co.jp

개질기의 형식은 고온형 연료전지의 경우 높은 온도에서 연료전지 반응이 발생하게 때문에 일산화탄소에 의한 연료전지 촉매의 피독에 염려가 없고 고온에서 동작하기 때문에 내부 개질 형태를 사용할 수 있으며, 저온형 연료전지의 경우 일산화탄소가 연료전지 촉매의 성능에 치명적으로 작용하고 낮은 운전온도로 외부 개질 형식을 사용한다.

직접 내부 개질(Direct Internal Reforming)

연료전지 내부에서 탄화수소계 연료(Hydrocarbon based fuel, 메탄올, 도시가스, LPG, 가솔린, 등유 등)로부터 수소를 생산하여 연료전지 스택으로 공급하는 방법.

간접 내부 개질(Indirect Internal Reforming)

개질기(Reformer)가 연료전지 연료극에 인접해있지만, 연료전지 연료극과는 분리되어 있는 형태의 개질 방식이다. 이 경우 연료전지의 발열반응으로 생성된 열을 개질기의 흡열반응에 이용할 수 있다는 장점을 가진다.

외부 개질(External Reforming)

탄화수소계 연료를 연료전지 스택에 사용할수 있는 형태의 연료(수소)로 변환한 후에 연료전지 스택으로 공급하는 방식의 연료변환 방법

연료 변환기는 개질기(Reformer) 부분과 일산화탄소의 농도를 낮추기 위한 반응기 부분으로 구성되며, 개질 방법은 연료의 종류나 적용분야에 따라 일반적으로 세 가지로 분류한다(이 외에도 연료변환기에는 탈황기나 증발기(Evaporator) 등이 포함되어지기도 한다).

- **수증기 개질(Steam Reforming)** : 탄화수소의 연료와 수증기의 반응으로 수소를 얻는 방법으로 고농도의 수소를 얻을 수 있어 연료전지의 출력을 높일 수 있는 장점을 가지고 있지만, 흡열반응이기 때문에 외부에서 열을 공급해 주어야 하며 부하변동에 따른 응답특성이 느리다는 단점을 가진다.

- **부분 산화(Partial Oxidation)** : 부분산화반응은 발열반응이며 반응속도가 빨라서 부하변동에 따른 응답속도가 빠르고 반응기를 소형화 할 수 있다는 장점을 가지고 있지만 산화반응의 산소원으로 공기를 사용하기 때문에 개질 가스 내의 수소농도가 질소에 의해 희석되어 연료전지의 출력이 낮아질 수 있다는 단점을 가진다.

- **자열 개질(Autothermal Reforming)** : 공급되는 연료의 일부를 부분 산화 반응으로 개질하고 여기서 나온 열로 나머지 연료의 수증기 개질을 진행하는 방식이며, 외부로부터의 열공급이 필요없고, 부하변동에 따른 응답속도도 빠르다. 개질 가스 중의 수소농도는 수증기 개질 방법과 부분산화 방법의 중간 정도이다.

이 외에도 탄화수소를 직접 분해하는 방식도 있는데, 탄화수소의 분해는 물이나 산소를 유입하지 않은 상태에서 탄화수소에 열을 공급하여 수소와 탄소로 분해하는 방법으로 비교적 순수한 수소를 얻을 수 있다는 장점을 가지고 있고 다른 방법에 비하여 경제적으로 간단하지만, 탄소와 수소 이외의 반응 부산물의 생성 및 반응기에 탄소가 계속 침적되어 촉매의 활성을 떨어뜨리고 가스의 유로를 막는 현상이 생길 수 있다.
연료변환기의 구성장치 중 개질기를 제외하면 이외의 반응기는 모두 일산화탄소의 농도를 감소시키는 반응기이고, 적용분야에 따라 선택적으로 사용되며 5가지로 분류할 수 있다.

- **수성가스 전환(Water Gas Shift)** : $CO + H_2O \rightarrow CO_2 + H_2$ ($\triangle H=$ 40.5kJ/mol)
  개질기 바로 뒤에 반응기가 위치하며, 일산화탄소의 농도를 10% 정도에서 0.1~0.5% 수준까지 감소시킨다. CO변성기(CO Shift Converter)라고도 한다.

- **CO 선택적 산화(Preferential Oxidation)** : $CO + 1/2O_2 \rightarrow CO_2$ ($\triangle H=$ 279.5kJ/mol)
  반응기로 공기를 유입시켜 일산화탄소를 선택적으로 산화하는 공정이며, 적용되는 촉매에 따라 일정한 온도를 유지시켜야 한다. 일산화탄소의 농도를 ppm 수준까지 떨어뜨려 연료전지 스택으로 개질 가스를 공급시켜준다.

- **메탄 생성(Methanation)** : $CO + 3H_2 \rightarrow CH_4 + H_2O$ ($\triangle H=$ 206.4kJ/mol) 생성된 일산화탄소를 메탄으로 변환시켜 일산화탄소의 농도를 낮추는 반응

- **수소분리막** : 주로 팔라듐(Pd) 계열의 막을 사용하여 수소를 선택 분리해내는 방법이다. 연료 변환기의 크기를 줄이는 데는 유리하지만 가압조건을 필요로 한다.
- **CO 흡착분리** : 상온에서 100℃ 사이에서 CO를 가역적으로 흡탈착할 수 있는 흡착제를 사용하는 방법

연료전지(Fuel Cell)

연료와 산화제가 가진 화학적 에너지를 전기적 에너지로 연속적으로 변환시키는 전기화학 장치이며, 일반적으로 연료와 산화제는 외부에서 공급되고 전지내부에서 반응한다. 연료전지는 전해질의 종류에 따라 주로 구분하며, 고체 고분자 연료전지(Polymer Electrolyte Membrane Fuel Cell, PEMFC, 100℃ 이하), 용융 탄산염 연료전지(Molten Carbonate Fuel Cell, MCFC, 500～600℃), 직접 메탄올 연료전지(Direct Methanol Fuel Cell, DMFC, 100℃ 이하), 고체 산화물 연료전지(Solid Oxide Fuel Cell, SOFC, 600～1000℃), 인산형 연료전지(Phosphoric Acid Fuel Cell, PAFC, 160～250℃), 알카라인 연료전지(Alkaline Fuel Cell, AFC, 250℃ 이하) 등이 있다. 다음 페이지의 표는 'http://www.cischem.com'과 'SRIC BI'를 참고로 'KISTI'에서 재작성한 연료전지의 특징 및 분류표(멘토리포트, 2005)이다. (이러한 분류 중 일부 내용은 문헌 별로 조금씩 다를 수 있음.)

- 연료전지의 기본 작동원리 : 물을 전기에너지를 가하여 분해를 하면(전기분해반응), 음극에서는 수소기체가 양극에서는 산소기체가 발생하게 된다. 이와는 반대로 수소분자 두 개와 산소분자 한 개가 반응을 하게 되면 물 분자 두 개가 생성되면서 에너지가 생성된다. 원래 수소와 산소가 가지고 있던 에너지보다 물이 갖고 있는 에너지가 더 적기 때문에, 남는 에너지가 밖으로 나오게 되는 것인데, 연료전지는 바로 이 에너지를 전기로 전환하는 장치이다.

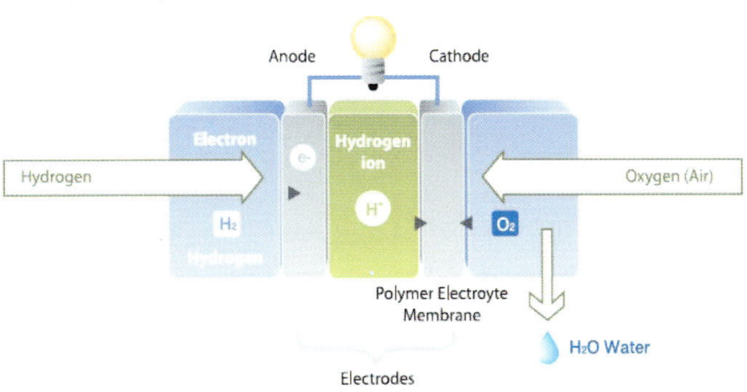

- 연료극(Anode) 반응 : $H_2 \rightarrow 2H^+ + 2e^-$
- 공기극(Cathode) 반응 : $1/2O_2 + 2H^+ + 2e^- \rightarrow H_2O$
- 전체반응 : $H_2 + 1/2O_2 \rightarrow H_2O$

자료출처 : www.sait.samsung.co.kr

종류/특징	고온형 연료전지		저온형 연료전지			
	용융탄산염 연료전지 (MCFC)	고체산화물 연료전지 (SOFC)	인산염 연료전지(PAFC)	알칼라인 연료전지(AFC)	고분자 전해질막 연료전지 (PEMFC)	직접메탄올 연료전지 (DMFC)
작동온도	550~700℃	600~1000℃	150~250℃	50~120℃	50~100℃	50~100℃
주 촉매	Perovskites	니켈	백금	니켈	백금	백금
전해질의 상태	Li/K alkali carbonates mixture	YSZ GDC	H_3PO_4	KOH	Ion exchange membrane	Ion exchange membrane
전해질 지지체	immobilized liquid	solid	immobilized liquid	-	solid	solid
전하전달 이온	CO_3^{2-}	O^{2-}	H^+	OH^-	H^+	H^+
가능한 연료	H_2, CO (천연, 석탄가스)	H_2, CO (천연, 석탄가스)	H_2, CO (메탄올, 석탄가스)	H_2	H_2 (메탄올, 석탄가스)	메탄올
외부연료 개질기의 필요성	No	No	Yes	Yes	Yes	Yes
효율(%LHV)	50~60	50~60	40~45	-	〈 40	-
주용도	대규모발전, 중소사업소 설비	대규모발전, 중소사업소설비, 이동체용전원	중소사업소설비, bio gas plant	우주발사체 전원	수송용 전원, 가정용 전원, 휴대용 전원	휴대용 전원
특징	발전효율 높음, 내부개질 가능, 열병합대응가능	발전효율 높음, 내부개질 가능, 복합발전 가능	CO내구성 큼, 열병합대응가능	-	저온작동 고출력밀도	저온작동 고출력밀도
과제	재료부식, 용융염휘산	고온열화 열파괴	재료부식 인산유출	촉매에서의 CO intolerence	고온운전 불가능 재료비/가공비 높음(고가의 촉매 및 전해질) 낮은 효율 (30-50%)	고온운전 불가능, 재료비/가공비 높음 메탄올 크로스 오버 문제

자료출처 : www.kisti.re.kr

연료전지 모듈(Fuel Cell Module)

화학적 에너지를 전기화학적인 방법으로 전기에너지와 열에너지로 전환하는 연료전지 스택을 포함한 어셈블리(Assembly)를 말하며, 연료전지 자동차나 연료전지 시스템 등에 적용되어진다. 연료전지 모듈은 다음을 포함한다.

- 연료전지 스택
- 연료, 산화물, 냉각수, 배출물 등이 이동하는 배관 시스템
- 스택에 의해 생산된 전기가 이동하는 배선
- 스택의 제어 혹은 모니터링을 위한 부분
- 스택의 이상(Abnormal) 상태 발생 시 조치를 위한 부분

연료전지 자동차(Fuel Cell Vehicle, FCV)

수소와 산소를 반응시켜 전기를 생성하는 연료전지를 동력원으로 하는 전기자동차 연료전기차라고도 한다. 엔진이 없기 때문에 배기가스가 나오지 않는 친환경 자동차이다. 1980년대 후반에 캐나다의 'Ballard Power Systems'사가 연료전지를 작고 가볍게 만드는 데 성공하여 실용화 가능성이 높아지기 시작했으며, 이 후 2002년 7월 일본의 혼다기연공업이 미국 캘리포니아주에서 세계 최초로 판매 인가를 얻어 상용화에 성공하였다 2003년에는 독일의 다임러크라이슬러가 연료전지 버스를, 2004년에는 미국의 포드자동차가 충전지 겸용 하이브리드 카를 생산했다.

자료출처 : www.hyundai@motor.com

연소배기 가스(Flue Gases)

연소 챔버로부터 배출된 가스이며, 열 교환기를 통해 열 회수가 가능하다. 연소배기가스가 시스템에서 외부로 배출될 때 외부 대기의 온도보다 높게 배출되는 경우에 발생되는 잠열의 손실 열을 배기 손실(Flue Losses)이라고 한다.

- 연소배기구(Flue Outlet) : 연소 배기 가스가 시스템 외부로 배출되는 배기구

연소열(Heat of combustion)

어떤 물질 1몰(mol) 또는 1g이 완전 연소할 때 발생하는 열량 또는 발열량을 의미한다. 석탄, 석유, 프로판 등의 연료가 공기 속에서 연소하면 이 물질의 성분이 공기 속의 산소와 반응하여 반응열을 발생한다. 이때 어떤 물질의 1몰(mol) 또는 1g이 완전 연소할 때의 반응을 연소열이라 하

며, 이때의 발열량은 고체나 액체연료는 1kg, 기체연료는 $1m^3$(0℃, 1기압, 건조상태)가 완전 연소하였을 때 발열량을 kcal 단위로 나타낸 것이다.

- **연소 하한치(Low Flammability Limit(LFL))** : 화염이 있는 공기 중에서 불이 붙을 수 있는 기체의 최소 농도

열 교환기(Heat Exchanger)

온도가 높은 유체로부터 전열 벽을 통해서 온도가 낮은 유체에 열을 전달하는 장치.
목적으로 하는 유체에 열을 주기 위해 사용되는 전열매체를 열매(熱媒)라고 하며, 이와는 반대로 열을 뺏는 데 사용되는 것을 냉매라고 한다.

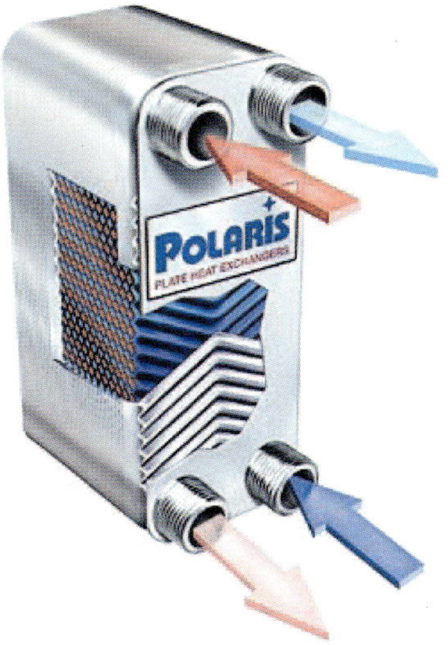

자료출처 : www.aimradiantheating.com

열량(Quantity of Heat)

열의 양적 표시를 의미한다. 열량의 단위는 칼로리(1cal=4.18605J)를 사용하는데 이는 물 1g의 온도를 1℃만큼 올리는 데 필요한 열이다. 영국열량단위인 BTU는 영열량이라고 하며, 물 1b(파운드)를 표준 기압 하에서 60.5°F로부터 61.5°F까지 높이는데 필요한 열량을 말한다. 1BTU는 252.161cal에 해당하며, MKS 단위계의 1,055.04J과 같다.

온도 센서(Temperature Sensor)

온도에 따른 기전력(mV)이나 저항(옴)이 변하는 특성을 이용하여 온도를 측정하고 기전력을 이용한 열전대(Thermocouples)와 저항(옴)을 이용한 측온 저항체(RTD : Resistance Temperature Detector)로 구분한다.

- **열전대(Thermocouples)** : 열전대는 서로 다른 금속으로 얼마든지 만들 수 있다. 사용되는 온도범위에 따라 J, K, T, E 타입의 네 가지로 분류한다. 타입 J는 0~756℃, 타입 K는 0~1260℃, 타입 T는 184~371℃, 타입 E는 0~871℃의 범위에서 사용된다.
- **측온 저항체(RTD : Resistance Temperature Detector)** : 측온 저항체(RTD)는 저항 대 온도 출력을 나타내며 수동적 기구이므로 가동하는데 1mA 정도만 필요하다. 가장 많이 쓰는 측온 저항체는 알파 상수 0.00385ohms/ohm/℃인 100ohm, 백금 센서이다. 센서의 정확도는 0℃에서 초기 정확도와 운전 범위에 걸치는 정확도를 나타내는 DIN A 와 DIN B로 구분하며, IEC 751에 따르면 DIN A는 0.15℃±0.002/t*, DIN B는 0.3℃±0.005/t* (t*는 특정 온도)이다. 측온 저항체는 니켈, 구리, 또는 니켈/철로 만들 수 있으며, 각 금속은 알파 상수와 운전 범위가 다르다. 측온 저항체의 알파 상수는 계기와 맞춰져야 되며 안되었을 때는 오차가 몇 도나 날 수 있다.

용융 탄산염 연료전지(Molten Carbonate Fuel Cell, MCFC)

전해질로 용융 탄산염을 쓰는 연료전지. 600℃ 이상의 고온에서 작동하고, 양질의 폐열을 얻을 수 있어 열병합 발전으로 시스템의 효율을 증대시킬 수 있으며, 연료로는 수소 이외에 일산화탄소도 사용이 가능하므로 석탄가스화 장치와 조합하여 대규모 발전시스템을 구성할 수 있다. 또한 고온 운전 시 발생되는 열로 천연가스를 전지 내부에서 직접 수소와 CO로 개질하여 연료로 이용하는 내부 개질이 가능하기 때문에 연료의 전처리 공정을 단순화시킬 수 있는 장점도 있다. 그러나 고온의 용융 탄산염 분위기에서 구성재료의 부식문제가 있어 내식성 재료의 개발이 중요하다.

- 연료극 반응(Anode reaction) : $H_2 + CO_3^{2} \rightarrow H_2O + CO_2 + 2e$
- 공기극 반응(Cathode reaction) : $1/2O_2 + CO_2 + 2e \rightarrow CO_3^{2}$
- 전체 반응(Overall reaction) : $H_2 + 1/2O_2 \rightarrow H_2O$

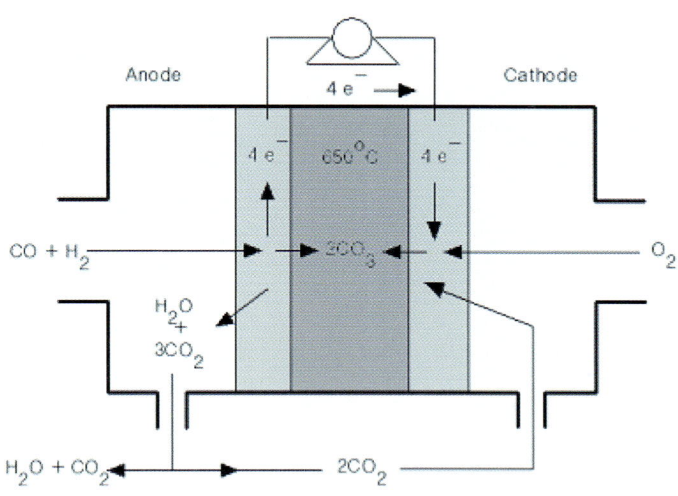

운전 전압(Operation voltage)

연료전지는 분극(과전위)에 의해 가역전위보다 낮게 동작되며, 연료전지의 전압은 부하의 증가에 따라 감소(즉 부하증가에 따라 과전위가 커짐)하게 되는데 이때 운전자가 특정 전류나 전압 값을 정하여 스택의 정격운전을 수행할 수 있으며, 이 때의 전압을 운전전압이라고 한다.

예를 들면, 정격운전 기준 10kW 연료전지 스택을 운전할 때 100A에서 100V의 스택전압이 형성되었다면 100V가 운전 전압이 된다(또는 각 셀에서의 전압을 운전 전압이라고 할 수도 있다). 스택은 운전시간이 지속됨에 따라 성능이 감소하게 때문에 특정 운전전압 범위에서 운전하게 되며, 이 범위보다 스택의 전압이 회복 불가능한 원인에 의해 내려갈 경우 스택의 수명이 다한 것으로 간주한다.

셀 전압을 낮게 운전 전압으로 설정할 경우 셀(스택)의 성능은 높일 수 있지만, 수명에는 나쁘게 작용하며, 반대로 셀 전압을 높게 설정하면 수명은 증가시킬 수 있지만 원하는 출력을 얻기 위해서 많은 셀을 적층한 스택을 제작하여야 하기 때문에, 출력이나 내구성, 크기, 용도, 주변기기(BOP) 등을 고려하여 운전 전압을 결정하여야 한다.

유로(Flow Field)

연료전지 셀(혹은 스택)로 유입되는 연료와 산화물이 촉매와 만나 전기화학 반응을 원활하게 하기 위해서는 공급된 연료와 산화물이 각각의 촉매와 잘 접촉할 수 있도록 해주어야 하며 이를 위해 분리판에 유체의 이동통로를 만들어 두는데 이것을 유로라 한다. 연료전지 스택에서는 외부에서 공급되는 연료와 산화물이 매니폴드(Manifold)를 통해 각 셀로 분배되며 셀 내부에서는 유로를 통해 흘러가게 된다. 전해질 막 전극 접합체(MEA)의 활성 면적 전체에 형성되어 있는 유로를 통해 연료와 산화물이 흐르면서 각각의 촉매 사이트에서 전기화학 반응을 하여 전기를 생산하게 된다. 연료전지 스택(혹은 셀)에서는 반응에 의해 열이 발생하는데, 발생된 열을 방출하면서 스택(혹은 셀) 전체의 온도를 어느 정도 범위에서 균일하게 제어하기 위하여 냉각수를 흘려주며, 이러한 냉각수의 통로 역시 유로라고 부른다.

이처럼 유로는 연료와 산화물을 공급하는 통로이면서, 미반응된 연료와 반응물을 배출하고, 또한 연료전지 반응에 의해 생성된 물을 외부로 배출하는 통로가 된다. 이 때문에 유로는 기체와 액체 모두가 잘 이동할 수 있도록 유로의 길이, 깊이, 폭 등이 적절하게 설계되어야 한다. 아래 그림은 분리판의 유로의 형상을 보여주고 있으며, 여기에서 파인 부분을 채널(Channel), 파이지 않은 부분을 리브(Rib)라고 한다.

연료와 산화물이 흐르는 유로는 일반적으로 3가지 형태로 제작되고 있다.

- 평행유로(Parallel) : 유로는 직선이며, 각 유로가 평행한 구조
- 사행유로(Serpentine) : 유로가 직선이 아니라 휘어져 있는 경우이며 일반적으로 'N' 자 형태로 많이 제작되어지며, 이를 'N-fold serpentine'이라고 한다.

• 격자유로(Interdigitated) : 유로는 불연속적이며 벌집모양의 형태를 가진다. 유로가 불연속적이기 때문에 매니폴드로부터 유입되는 연료나 산화물이 처음 유로를 통과한 후 다음 유로로 가기 위해서는 기체 확산층을 통과하여야 한다.

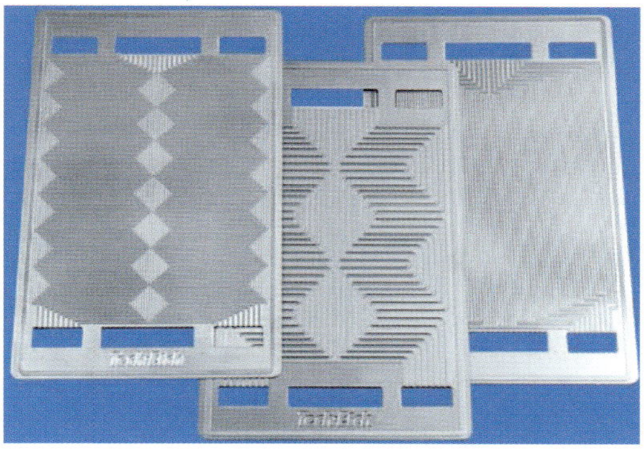

자료출처 : www.tech-etch.com

유효 전력(Active Power)

전기부하에서 실제 유효한 일로 바뀌는 전력. 교류 전류 회로에서 단자 전압과 유효 전력과 위상이 같은 전류 성분과의 곱을 말한다.

응축(Condensation)

기체가 액체로 변하는 현상. 일정 압력에서 냉각시켜 어떤 온도 이하로 낮추든가, 일정온도에서 압력을 가하여 그 물질의 포화증기압을 넘을 때 나타난다. 반면, 기체가 준안정상태인 경우에는 응축하지 않는 일이 발생하게 되며, 그러한 경우를 과포화증기라고 한다. 또 기체의 온도가 임계온도보다 높을 때는 응축은 일어나지 않는다. 응축이 일어나는 온도를 그 기체의 응축점이라고 한다.

이동 수(Transport Number)

전해질 용액에 전기장을 가해주게 되면 음이온은 양극으로 양이온은 음극으로 이동하면서 전류를 운반한다. 이때 전극을 통해 공급된 총 전류 중에서 특정 이온에 의해 운반된 전류의 비율을 그 이온에 대한 이동 수라고 한다. 이상적인 이온교환막의 경우 이동 수는 1이지만 실제는 1보다 낮은 값을 갖는다.

이슬점(Dew Point)

일정한 압력 하에서 온도를 내려서 공기 중의 수증기가 포화되는 순간의 온도를 말하며, 노점(露點)이라고도 한다. 공기를 서서히 냉각시켜 어떤 온도에 다다르면 공기 중의 수증기가 응결하여 이슬이 생기게 되는데 이를 이슬점이라고 한다. 지상에서 높이 올라갈수록 기압이 낮아지므로 공기의 부피가 커져서 수증기압이 감소하기 때문에 이슬점이 낮아지며 그 비율이 100m당 0.2℃ 감소한다. 이슬점은 건습구 온도계를 사용해서 구할 수 있으나, 직접 이슬점 습도계에 의해서 측정하는 경우도 있다.

만약 어떤 상태에 있는 공기가 포화수증기압에 도달한 상태라면, 그 온도가 해당 압력에서의 이슬점이 된다.

이슬점 습도계(Dew Point Hygrometer)

흔히 노점계라고도 하며, 이슬점을 측정하여 공기 속의 습도를 측정하는 장치를 말한다. 이슬점 습도계는 공기 속의 수증기를 응축시켜서 이슬로 만드는 냉각장치와 그 응축이 일어나는 온도를 측정하는 장치로 되어 있다. 표면에 이슬을 맺게 하는 냉각장치로는 금속판을 주로 사용하며, 여러 가지 종류가 있다. 예를 들면, 육안으로 이슬을 관측하는 람프레히트(Lamprecht) 이슬점 습도계, 이슬의 발생면에 빛을 쬐어서 그 반사광을 광전관으로 관측하는 것 등이 있다.

이온교환 막(Ion Exchange Membrane)

이온교환 수지를 막 모양으로 성형 제조한 것으로, 양이온 혹은 음이온 교환막이 있다. 교환막을 전해질용액에 담가 이것을 격막으로 하여 용액에 전류를 통하면 양이온 교환막은 양이온을 통과시키지만 음이온 통과에는 100%에 가까운 저항을 나타내며, 음이온 교환막은 그 반대현상을 보인다.

이온 전도도(Ionic Conductivity)

전해질의 이온 전도도는 전류를 흐르게 하는 용액의 능력을 나타내는 것으로, 전해질의 종류와 농도 그리고 온도에 따라 다르다.

이용률(Utilization Ratio)

연료전지로 공급된 연료나 산화제의 총량에 대해 연료전지에서 실제 전기화학 반응에 참여한 연료나 산화제의 비율을 % 단위로 표현한 것. 유사한 표현으로 화학 양론비(Stoichiometry Ratio)가 있다. 실제 전기화학반응에 참여하는 이론적으로 계산되어지며, 실제 시스템의 경우 이용률은 계산과 병행하여 실제 측정치를 활용하기도 한다.

1쿨롱(C)은 1암페어(A)의 전류가 1초 동안 흐를 때의 이동하는 전하의 양을 의미하며, 전자 1몰(mol)은 패러데이 상수(Faraday Constant, F, 96487C/mol) 만큼의 전하량을 갖는다. 즉, 1A의 전류를 생산하기 위해서는 패러데이 상수의 역수만큼의 몰(mol)의 전자의 이동이 필요하다.

- **연료 이용률(Fuel Utilization Ratio)** : 수소 이용률로 대변되며, 총 공급된 수소 양에 대한 실제 전기화학 반응에 참여한 수소의 비율.

예를 들어 연료전지의 전극활성면적이 $1cm^2$이고, 연료전지가 1A의 전류를 생산하고 있는 경우 초당 필요한 전자의 이동량은 1/96487mol이다.
수소 1분자가 반응에 참여할 경우 2개의 전자를 생성하게 되므로, $1/(2\times96487)$mol의 수소가 필요하게 되며, 1몰은 표준상태(Standard Temperature & Pressure, STP) 상태에서 수소 1몰은 22.4리터이므로 $1/(2\times96487)\times22.4$[liter/sec]의 수소가 필요하다.

- **산소 이용률(Oxidizer Utilization Ratio)** : 공기 이용률이라고도 하며, 총 공급된 공기 중 산소의 양에 대한 실제 전기화학 반응에 참여한 산소의 비율.
  위와 동일한 예에서 보면, 산소 1분자의 환원반응에는 4개의 전자가 반응에 참여하게 되므로 $1/(4\times96487)$mol의 산소가 필요하다. 따라서 공기 중 산소의 농도를 고려하면 필요한 공기의 양을 동일한 방법으로 계산할 수 있다.

이젝터(Ejector)

압력이 있는 증기, 공기, 물을 노즐로부터 분사시켜 주위의 증기나 물을 배출하거나 응축시키는 장치.

이중층(Double Layer)

전극이 용액 속에 담겨있을 때, 전극표면의 전하의 농도가 전극에서 먼 곳보다 높아진다. 즉, 전극 표면에서 전극 쪽은 음전하, 용액 쪽은 양전하의 농도가 높아져서 커패시터(Capacitor)와 유사한 형태가 되는데 이를 이중층이라고 한다.

인버터(Inverter)

연료전지는 자체에서 생성되는 전력의 기본 형태가 높은 전류밀도를 갖는 직류저압이기 때문에 상용의 구동장치를 이용하거나 다른 계통에 연계하기 위해서 직류-직류 변환 및 직류-교류 변환이 필연적이다. 이때 직류를 교류로 변환시켜 주는 전력변환장치를 인버터라 한다.
특히 가정용 연료전지 시스템의 경우 계통과 연계한 경우를 계통 연계형 인버터(Grid Connected Inverter)라고 하며, 계통과 분리된 경우를 계통 독립형 인버터(Grid Independent Inverter)라고 한다.

인산형 연료전지(Phosphoric Acid Fuel Cell, PAFC)

전해질로 인산(H_3PO_4)을 사용하는 연료전지이며, 작동온도는 160~250℃ 정도이다.
인산형 연료전지는 95% 이상의 진한 인산을 탄화규소(SiC) 매트릭스에 함침시킨 것을 전해질로 사용하며, 천연가스, 나프타, 액화석탄가스와 같은 화석연료나 메탄올 등의 연료를 개질기를 통하여 수소를 발생시켜 사용할 수 있으며 이에 함유되어 있는 이산화탄소나 미반응 탄화수소도 연료전지의 반응에는 영향을 미치지 않는 장점이 있다. 인산은 가격이 저렴하고 풍부하므로,

1960년대부터 주로 미국에서 개발이 진행되어 실용화된 시스템이며, 가장 먼저 상용화된 연료전지이다.

- 연료극 반응(Anode reaction) : $H_2 \rightarrow 2H^+ + 2e$
- 공기극 반응(Cathode reaction) : $1/2O_2 + 2H^+ + 2e \rightarrow H_2O$
- 전체 반응(Overall reaction) : $H_2 + 1/2O_2 \rightarrow H_2O$

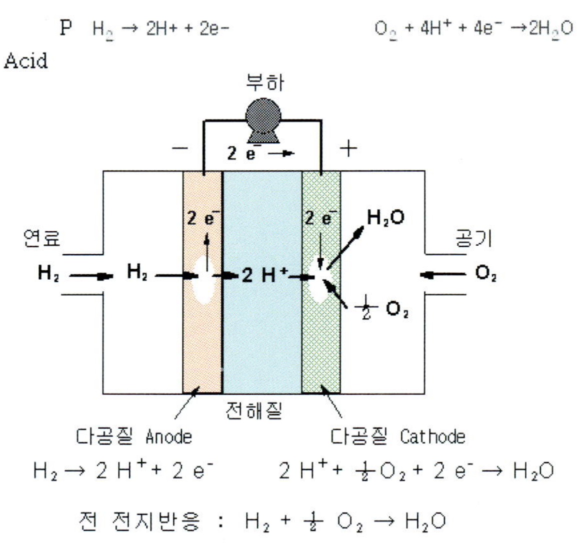

임피던스(Impedance)

교류회로에 있어서 전류가 흐르기 어려움(저항)을 나타내는 양이다. 단위는 'Ω', 기호는 'Z'를 사용하며, 전압과 전류의 실효값을 사용하고 위상을 표현하기 위해 벡터양으로 표현한다. 복소수로 표기할 때 실수부분은 저항, 허수부분은 리액턴스이다.

재생 에너지(Renewable energy)

화석연료와 원자력을 대체할 수 있는 무공해 에너지로, 일반적으로는 대체에너지를 구성하는 한 요소로 이해된다. 한국에서는 '신에너지 및 재생에너지 개발-이용-보급 촉진법'에서 이를 석유, 석탄, 원자력, 천연가스가 아닌 11개 분야의 에너지로 규정하고 있다. 11개 분야는 크게 태양 에너지(태양열, 태양광), 바이오 에너지, 풍력, 수력, 지열, 해양 에너지, 폐기물에너지 재생 에너지 7개 분야와 연료전지, 석탄액화, 수소에너지 등 신에너지 3개 분야로 구분하고 있다.

재순환(Recirculation)

배출되는 잉여 반응물을 시스템으로 유입되는 반응물의 공급 흐름에 다시 공급하는 것

재순환 블로워(Recycle blower)

시스템으로 유입된 유체가 시스템에서 이용된 후 배출되는 과정에서 이들 중의 일부 혹은 전부를 시스템으로 다시 유입하는 데 사용되는 블로워. 연료전지에서의 연료나 산화물의 이용률은 100%가 아니기 때문에 이러한 재순환 블로워를 사용하여 일부 혹은 전부를 다시 사용할 수 있게 해주는 장치이다. 특히 연료전지 자동차에서의 수소의 재순환, 가정용 연료전지 시스템에서의 스택 배출 가스(수소 함유)를 연료 변환기 버너로의 재순환 및 일부 공기의 재순환 등이 이용되어 진다. 이러한 재순환은 연료의 이용률을 높여 시스템의 전기 효율을 증가시키고, 열손실을 줄일 수 있도록 고안되어진다.

저공해차(Low Emission Vehicle, LEV)

배기가스 등의 공해물질을 적게 배출하도록 만든 차. 전기자동차, 연료전지자동차, 메탄올자동차, 에탄올자동차, 태양열자동차 등 배기가스를 내지 않는, 혹은 그 양이 적고 소음도 줄인 자동차를 말한다.

- ULEV : Ultra Low Emissions Vehicles
- SULEV : Super Ultra Low Emissions Vehicles
- PZEV : Partial Zero Emissions Vehicles
- ZEV : Zero Emissions Vehicles

전극(Electrode)

일반적으로 전극은 전기장을 만들거나 전류를 빼내거나 하는 막대모양 또는 판모양의 도체를 일컫는다. 연료전지에서 전극은 촉매층이 형성되어 있는 부분을 말하고, 고분자 전해질 료전지에서는 연료극에서 공기극으로 전자가 이동하며, 전기는 공기극에서 연료극으로 흐르게 된다.

- **공기극(Cathode)** : 환원반응이 일어나는 전극이며, 전위가 발생하는 전지의 경우 전위가 높은 쪽의 극을 말한다.
- **연료극(Anode)** : 산화반응이 일어나는 전극이며, 전위가 발생하는 전지의 경우 전위가 낮은 쪽의 극을 말한다.

전기분해(Electrolysis)

물질에 전기에너지를 가하여 산화, 환원반응이 일어나도록 하는 것을 의미한다. 자발적으로 산화, 환원반응이 일어나지 않는 경우 전기에너지를 이용하여 비자발적인 반응을 일으키는 것을 전기분해라고 한다. 전기분해 시 (−)극에서는 (+)이온이 환원되고, (+)극에서는 (−)이온이 산화된다.

• 물의 전기분해 : (+)극에서 산화반응으로 수소를 얻을 수 있고, (−)극에서는 환원반응이 일어나 산소를 얻을 수 있다. 생성되는 수소와 산소의 부피비는 2 : 1로 전체 반응식은 다음과 같다.

(−)극 : $4H_2O + 4e \rightarrow 2H_2 + 4OH$

(+)극 : $2H_2O \rightarrow O_2 + 4H+ + 4e$

전체 반응 : $6H_2O \rightarrow 2H_2 + O_2 + 4OH + 4H^+ \rightarrow 6H_2 + 3O_2$

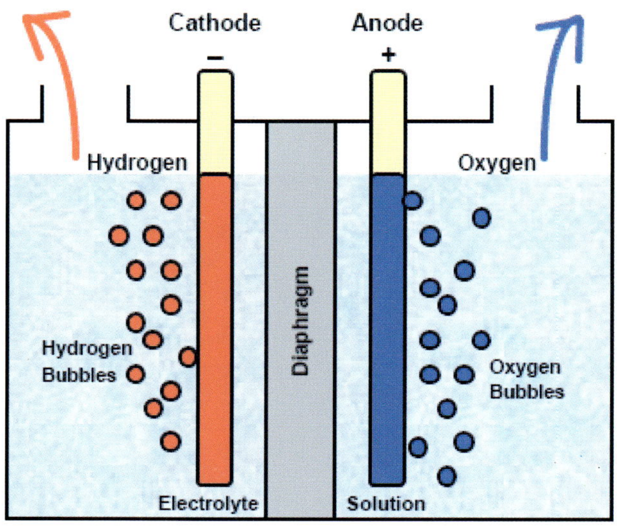

자료출처 : www.bioage.typepad.com

전기 전도도(Electrical Conductivity)

전기 전도율이라고도 하며, 물질 내에서 전류가 잘 흐르는 정도를 나타내는 양으로 고유전기저항의 역수와 같다. 하전량과 이동도의 곱과 비례하며, 전기적 조건이나 빛 등의 외부조건과 물질의 구조의 영향을 받는다.

전기삼투(Electro-osmosis)

전압이 걸린 전기장에서 액체가 양극 사이에 놓인 막을 투과하는 현상

- **전기삼투항력(Electro-osmotic drag)** : 연료극에서 공기극으로 이동하는 프로톤 이온에 의해 극성물질인 물이 함께 흘러가는 현상

전기화학(Electrochemistry)

전기현상과 이에 따르는 화학변화와의 관계를 연구하는 화학의 한 분야

전력(Electric Power)

전력은 전류가 단위시간에 하는 일 또는 단위시간에 사용되는 전기에너지의 양을 의미한다. 전력의 단위는 흔히 와트(W), 또는 킬로와트(kW)를 사용하며, 1W는 1A의 전류가 1V의 전압이 걸린 곳을 흐를 때 소비되는 전력의 크기다. 직류에서 전력은 전류가 일정할 때, 저항에 비례하고, 전압이 일정할 때 저항에 반비례한다. 교류에 의해서 공급되는 전기에너지는 전류와 전압이 계속 변하므로, 보통 1주기 동안에 공급되는 전력을 주기로 나눈 평균전력으로 표시한다.

- **정격(Rating, Rated)** : 기기의 사용조건과 그 성능의 범위를 말하는 것으로, 기기의 정격은 지정된 조건 하에서의 사용한도를 말한다. 정격은 기기의 최대용량이나 최대출력을 의미하지는 않는다.
- **정격출력(Rated Power)** : 기기의 제작자가 제시한 사용범위 내에서 기기로부터 얻어낼 수 있는 출력
- **Nominal Capacity** : 정상적인 운전상태에서의 기기의 용량
- **Gross Power** : 전력 생산 장치에서 실제 전력을 생산해내는 부분에서의 출력. 즉, 부하 혹은 다른 부분에 의한 손실이 없는 상태에서의 총 전력량을 의미한다.
- **Idle Power** : 전력 생산 장치가 최소한의 일만 하고 있는 상태에서의 전력량
- **Net Power** : Gross power에서 기생전력(Parasitic Power)을 제외한 후의 전력량

전류 계기용 변류기(CT : Current transformer)

고전압·대전류의 계측 등에서 계기와 전기회로 사이에 삽입하여 전류의 계측하기 쉽게 하기 위한 장치.

전류 집전체(Current Collector)

연료전지에서 발생된 전기는 외부회로를 통해 흐르면서 일을 하게 되는데, 스택에서 발생된 전기를 외부 도선과 연결해 주는 부분을 전류 집전체라고 하며, 연료전지 스택의 양쪽 체결판의 안쪽에 위치한다. 분리판으로 주로 사용되는 흑연판의 경우 전도성이 금속에 비해 매우 낮기 때문에 셀 내의 전체 전기화학 반응 활성면적(Active Area) 전체에서 생성된 전자를 외부도선과 전기적 손실을 최소로 하여 전달해 주기 위해서는 흑연판에서의 전자이동 거리를 최소로 하고, 보다 높은 전도성을 가진 물질을 사용하여 스택 외부로 전자를 이동하는 방법이 필요하다.

이를 위해 스택의 양 끝 부분의 분리판 바깥쪽에 금속으로 된 전류 집전체를 사용한다.

전류 집전체의 경우 체결판(End Plate)과 마찬가지로 금속을 사용하므로 스택으로 공급되는 기체가 직접 닿을 경우 부식이 발생할 수 있기 때문에, 이를 방지하기 위해 금으로 도금(Gold Coating)하여 사용하거나, 기체가 직접 닿지 않게 하여 사용하는 것이 일반적이다.

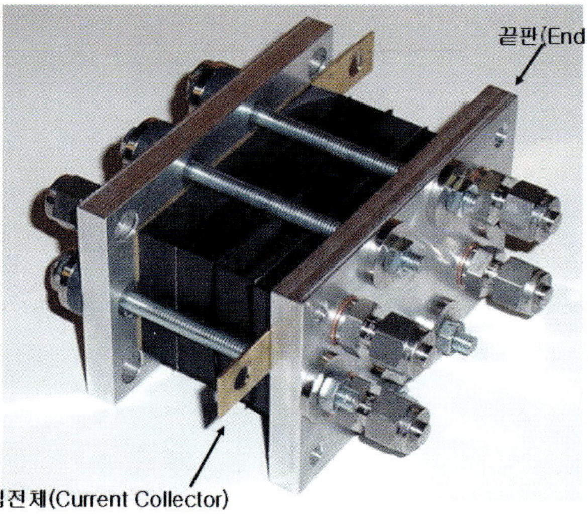

자료출처 : www.tkk.fi

전압 계기용 변압기(PT : Potential Transformer)

고전압・대전류의 계측 등에서 계기와 전기회로 사이에 삽입하여 전압의 계측하기 쉽게 하기 위한 장치.

전위(Electrical Potential)

어떤 한 점에서 전기적 작용을 미칠 수 있는 에너지의 양. 전계 내에서 단위 양전하를 점 A에서 점 B로 옮길 때 전하에 작용하는 전기력에 반항하면서 일을 하는 경우, 점 B쪽이 점 A쪽보다 전위가 높다고 하며, A, B 두 점은 전위차가 있다고 한다.

- **평형 전위(Equilibrium Potential)** : 알짜전류가 0인 상태, 즉 전극이 용액 및 해당 기체와 평형상태(산화반응 속도와 환원반응 속도가 같은 상태)에 있을 때의 전위
- **과전위(Overpotential)** : 평형상태에 있는 전극에 전류를 흘리면 전극전위가 평형전위에서 벗어나게 되며, 여기에서 벗어난 정도를 과전위라하며, 전류의 방향 즉 전극에서 산화반응 또는 환원반응이 일어나는 가에 따라서, 과전위가 0보다 클 경우 산화반응이 되고, 과전위가 0보다 작을 경우 환원반응이 된다.

전해질 막(Electrolyte Membrane)

전해질(Electrolyte)은 물 등의 용매에 녹아서 이온으로 해리되어 전류를 흐르게 하는 물질을 의미하며, 저온형 연료전지에서 사용되는 전해질 막은 이러한 전해질이 고체상태에서 이온의 이동에 의하여 전류를 통할 수 있는 물질로서 고체 고분자 전해질 막이라고도 하며, 이온의 교환반응

이 일어나기 때문에 이온 교환막(Ion Exchange Membrane)이라고도 한다.

- **고분자 전해질 막** : 전기적으로는 절연체이나 전지작동 중에 음극으로부터 양극으로 양성자(Proton)를 전달하는 매개체로 작용하며, 수화된 연료기체 또는 액체와 산화제 기체를 분리하는 역할을 동시에 수행한다. 따라서 연료전지용 전해질 막은 수소이온 전도성이 우수해야 하고, 전기 전도성이 없어야 하며, 기체에 대한 투과도가 낮아야 하고, 기계적 강도가 우수해야 하며, 화학적 안정성이 있어야 한다.
- **나피온(Nafion)** : 현재 고분자 전해질 연료전지와 직접 메탄올 연료전지용 전해질 막으로 가장 일반적으로 사용되고 있는 전해질 막이며 'DuPont'에서 개발한 물질이다. Nafion은 PTFE(Poly Tetrafluoro Ethylene)를 주 사슬(Backbone)로 하고 측쇄에 술폰기를 갖는 과불화 술폰산 고분자(Perfluorosulfonic Acid Polymer)이며, 이러한 불소계 막은 이온 투과성, 산화 대응성, 내열성이 뛰어나 현 시점에서는 가장 유효한 재료이나 고온에서의 성능저하와 연료가스의 투과, 고비용 등이 단점으로 나타난다.

아래 그림은 Nafion의 구조개념도이다.

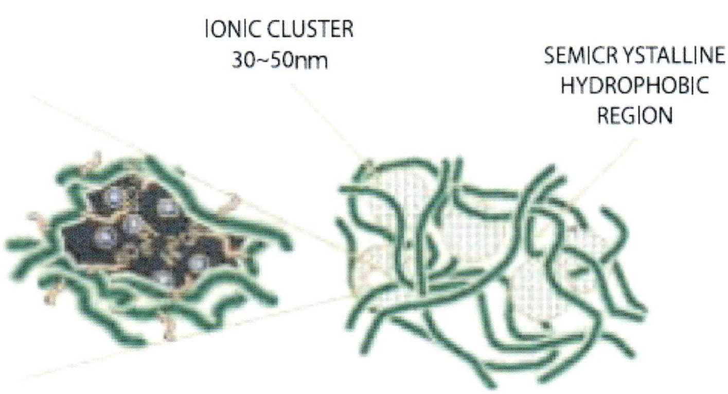

자료출처 : www.dupont.com

절연(Insulation)

전기 또는 열을 통하지 않게 하는 것으로 이때 사용하는 부도체를 절연체 또는 절연물이라고 한다. 전기기기의 절연을 내열특성에 따라서 분류한 것을 절연종별이라고 하는데, 이것에 따라 그 기기의 사용온도한계가 정해진다.

접지(Earth)

기기의 전위(電位)를 대지와 동일한 전위로 유지하고 또 대지를 전기회로의 일부로서 이용하기 위해서 사용한다. 접지에는 저항 값을 작게 하면 유효하므로 저항이 작은 도선(導線)으로 대지에 잇는다. 이로 말미암아 대전도체(帶電導體)의 전위는 대지와 상등하게 0이 되므로 기기에 닿아도 감전되지 않는다. 전기기기의 겉틀이나 피뢰침 등을 접지하는 것은 이 때문이다.

접지에는 직접접지 · 고저항접지 · 저저항 접지 · 리액턴스 접지, 소호(消弧) 리액턴스 접지 등의 방식이 있다. 무선통신에 있어서 장 · 중파의 전파를 발사하기 위해서는 접지를 사용해야 하는데 접지저항은 발사전력손실의 최대원인이 되므로 이것을 감소시키는 것이 무엇보다 중요하다. 소규모의 안테나에서는 땅속에 깊게 매설한 얇은 동판(銅板), 혹은 땅밑 1~2m 정도의 깊이로 매설한 동선망(銅線網)을 사용하고 대규모의 안테나에서는 안테나 수평부의 투영면적(投影面積)보다 약간 큰 지역에 지선망(地線網)을 만들고 이것을 가공지선(架空地線)으로 접속하여 지선전류의 균일화를 만든다.

접촉각(Contact Angle)

액체와 고체가 접촉하고 있을 때에, 액체의 자유표면이 고체 평과 이루는 각도. 액체 분자 사이의 응집력과 액체, 고체 벽 사이의 부착력으로 결정된다.

아래 그림은 계면 사이의 표면장력(Surface Tension)과 접촉각의 한 예를 표시한 것이다.

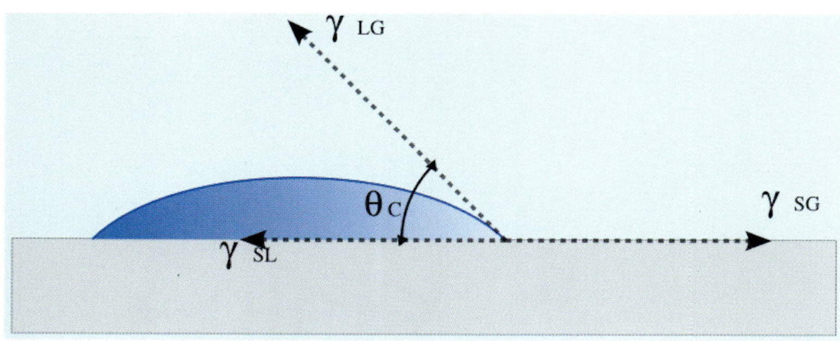

자료출처 : http://en.wikipedia.org

주변기기(BOP, Balance Of Plant)

동력 시스템에서 동력을 생산하는 주요부품을 동작시키기 위한 보조 구성품. 연료전지 시스템에서의 주변기기는 공기 공급계, 수소 관리계, 열 및 물 관리계, 전력 변환 장치 등을 포함한다. BOP는 연료전지 자동차에서 주로 사용하던 용어이지만, 근래에는 가정용 연료전지 시스템 등 대부분의 연료전지 시스템에서 사용되어 진다. 아래의 분류는 연료전지 자동차 기준에 따른 주변기기의 구분이며, 타 연료전지에서도 유사하게 사용되어진다.

- **공기 공급계** : 수소와의 전기화학반응에 필요한 산소를 공급해주는 시스템으로 운전압력과 공급가능한 공기량을 결정하여 연료전지의 성능과 운전조건 등을 결정한다.

- **수소 관리계** : 스택에서 수소의 전환율을 높여주기 위해서 수소를 재순환시키거나 관리해준다.
- **열 및 물 관리계** : 연료전지 시스템 운전 시 발생하는 열을 제거하는 시스템으로 스택, 모터, 각종 제어기 등이 일정한 온도로 작동되도록 하고, 시스템에서의 발생 또는 요구되는 물의 양을 조절한다.
- **전력 변환 장치** : 스택에서 생성된 전기는 직류이기 때문에 교류모터를 구동시키기 위해서 전류를 교류로 변환해준다.
- **모터 및 감속기** : 스택으로부터 전기를 받아 기계적 에너지를 발생시키는 장치로 현재 대부분 값이 싸고 대량생산이 가능한 유도모터를 많이 사용하고 있다.

주파수(Frequency)

교류 전원을 쓰는 가전기기를 보면 220V 60Hz라고 표기되어 있는 것을 볼 수 있다. 이는 이 기기가 사용하는 전압이 220V이며 전압이 1초 동안 0V기준으로 하여 오르락내리락 하는 반복을 60번 한다는 의미이다. 즉 교류 전압의 진동수는 60번/초이다.

증기 대 카본비(Steam to Carbon ratio)

수증기 개질 연료 변환기에서 개질 반응기로 공급되는 수증기와 탄화수소계 연료가 가지는 탄소와의 비율. 예를 들면, 메탄의 수증기 개질 반응식은 다음과 같다.

- $2H_2O + CH_4 \rightarrow 4H_2 + CO_2$

만약 공급된 모든 물과 메탄이 수소와 이산화탄소로 완전하게 전환된다면, 증기 대 카본비는 2:1로 공급하여 줄 수 있다. 하지만 높은 온도에서 운전되는 개질 반응기에 수증기량이 부족할 경우 코킹(Coking) 현상이 발생할 수 있기 때문에 2:1 보다 조금 더 과량의 수증기를 투입하며, 과량의 수증기는 개질 반응의 효율을 떨어뜨리기 때문에 적정량의 공급을 하는 것이 바람직하다. 도시가스의 경우 메탄 이외에 에탄, 프로판, 부탄 등 메탄보다 탄소가 많은 기체가 함유되어 있어서 보다 많은 수증기가 필요하며, 반응기의 내구성과 효율 최적화를 위해 조성에 적합하게 물의 양이 조절되어야 한다.

증류수(Distillated Water)

물을 가열하여 증발된 기체를 응축시켜 만든 물로서, 전기저항이 매우 크다는 특징이 있다. 증류수는 0℃에서 83Mohm-㎝ 정도의 저항을 갖는다.

직접 메탄올 연료전지(Direct Methanol Fuel Cell, DMFC)

고분자 전해질 연료전지의 작동원리와 유사하게 동작되는 직접 메탄올 연료전지는 메탄올을 직접 연료로 사용한다는 것이 가장 큰 차이점이다. 고분자 전해질 연료전지 시스템의 경우 연료로 직접 수소를 사용하지 않을 경우 개질기가 필요하지만, 직접 메탄올 연료전지는 개질기가 필요 없기 때문에 시스템을 보다 간소화시킬 수 있고, 부하 응답 특성을 향상시킬 수 있다는 장점이 있다. 하지만 낮은 반응속도에 의한 저출력 밀도 및 다량의 백금촉매의 사용, 메탄올의 투과현상 등이 해결되어야 할 큰 과제로 남아있다. 운전 온도는 주로 상온에서 100℃ 사이이다.

- 연료극 반응(Anode reaction) : $CH_3OH + H_2O \rightarrow CO_2 + 6H^+ + 6e$
- 공기극 반응(Cathode reaction) : $3/2O_2 + 6H^+ + 6e \rightarrow 3H_2O$
- 전체 반응(Overall reaction) : $CH_3OH + 3/2O_2 \rightarrow 2H_2O + CO_2$

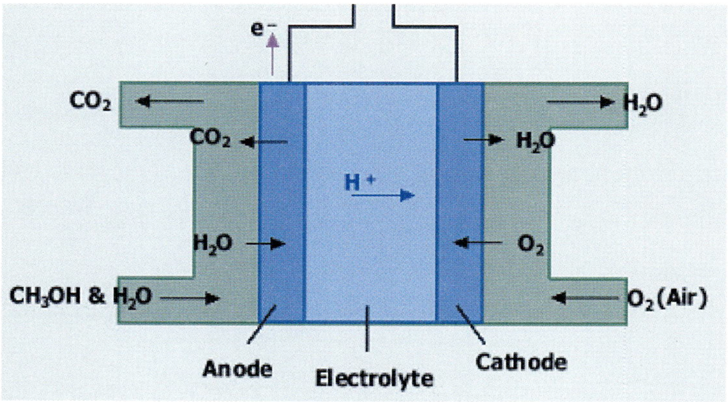

질량 유량 제어기(Mass Flow Controller, MFC)

MFC는 질량을 제어하는 정밀기기이다. 대부분의 시스템은 부피보다는 질량을 변수로 하여 설계되고, 기체와 같이 압력에 따라 밀도가 드라마틱하게 변화하는 경우에는 부피만으로 질량을 알 수가 없다. MFC는 직접적으로 기체의 질량을 매우 정확하게 계량하고, 제어하는 장치이다.

질량 유량 측정기(Mass Flow Meter, MFM)

MFM은 질량을 측정하는 유량계를 말하며, 이 유량을 제어하는 제어기는 포함되어 있지 않다.

천연가스(Natural Gas)

천연적으로 지하로부터 발생하는 가스로 탄화수소를 주성분으로 하는 가연성 가스

체결판(End Plate)

연료전지 스택의 양 끝단에 위치하며, 스택의 체결 상태를 유지시키는 판이다. 볼트와 너트를 사용하여 연료전지 스택을 체결할 경우 끝판에 체결을 위한 구멍이 뚫려 있으며, 스택으로 공급되는 기체가 체결판과 접촉할 경우에는 부식에 매우 주의하여야 한다. 이 때문에 끝판에 부식성 향상을 위한 처리(Anodizing 등)를 하거나, 체결판 외에 보조 체결판을 두어 금속으로 된 체결판이 직접 기체와 접촉하지 않게 함으로써 부식을 억제한다.

초기성능(Begin Of Life Performance, BOL)

시스템 혹은 장치의 제작 초기 성능을 의미하며, 특히 MEA 혹은 스택에서 많이 사용하는 용어이다.

촉매(Catalyst)

촉매는 화학반응에서 반응속도를 조절해주는 물질이며, 반응속도를 증가 또는 감소시키는 효과를 나타내고 반응이 종료된 다음에도 원래의 상태로 존재하는 물질을 말한다. 반응속도를 빠르게 해주는 것을 정촉매라고 하며 느리게 해주는 것을 부촉매 혹은 억제제라고 한다. 물질들이 반응을 일으키기 위해서는 충분한 에너지를 가지고 있어야 하는데, 이때 필요한 최소한의 에너지를 활성화 에너지라고 하며, 정촉매의 경우 이 활성화 에너지를 낮추어 반응속도를 빠르게 해준다. 연료전지에서도 수소(혹은 메탄, 메탄올 등)의 산화반응과 산소의 환원반응의 속도를 증가시켜 출력밀도를 높이기 위해 촉매를 사용한다. 연료전지에 사용되는 촉매는 연료전지의 종류에 따라 모두 다르며, 기본적으로는 백금 촉매를 주로 사용한다. 용융 탄산염 연료전지와 고체 산화물 연료전지의 경우에는 높은 반응온도 때문에 니켈이나 지르코늄 옥사이드 등을 촉매로 사용한다. 촉매는 저온형 연료전지(고분자 전해질 연료전지, 직접 메탄올 연료전지)에서 특히 중요하다.

- **고체 고분자 연료전지용 촉매** : 연료극과 공기극 모두 백금 촉매를 사용하며, 개질기를 사용하는 경우에는 잔존하는 일산화탄소(CO)와 이산화탄소(CO_2)에 의한 촉매피독을 제거하기 위해서 연료극에 백금 루테늄 합금촉매를 사용한다. 촉매는 주로 카본 담지체 위해 촉매를 위치시켜 촉매의 활용성을 최대로 높이고 있다.

- **직접 메탄올 연료전지용 촉매** : 연료극에는 백금 루테늄 합금촉매를 사용하고, 공기극에는 백금촉매를 사용한다. 직접 메탄올 연료전지의 경우 특히 메탄올의 분해과정에서 부반응으로 상당량의 일산화탄소가 생성되게 되고, 메탄올 산화의 높은 활성화 에너지로 인해서 많은 양의 촉매를 필요로 한다. 백금 루테늄 2원합금촉매 이외에도 3원합금, 4원합금 등으로 연료극 촉매를 제조하기도 한다. 직접 메탄올 연료전지는 메탄올이 연료극에서 공기극으로 투과되는 현상이 있으며, 이 때문에 공기극 촉매 역시 백금 단일촉매 이외에도 합금촉매나 메탄올에 반응성이 없는 촉매 등이 연구되고 있다.

촉매 담지(Catalyst Loading)

연료전지의 전극에 담지한 단위면적당 촉매의 양을 말하며, 주로 mg/cm^{2}의 단위로 사용된다.

쵸퍼(Chopper)

주기적인 단속기. 기계식과 전자식이 있으며, 아주 적은 직류신호를 증폭하기 위하여 교류로 변환하는 경우나, 일정전압의 직류 전원을 단속하여 직류 평균 전압을 제어하는 경우에 사용된다.

친수성(Hydrophilicity)

물(Liquid)과 접촉하였을 때 계면에너지가 낮아서 접촉각(Contact Angle)이 작은 물질을 친수성을 가진다고 하며, 반대의 경우를 발수성(Hydorphobicity)이라고 한다. 접촉각이 0일 경우에 완전 적심을 의미한다.

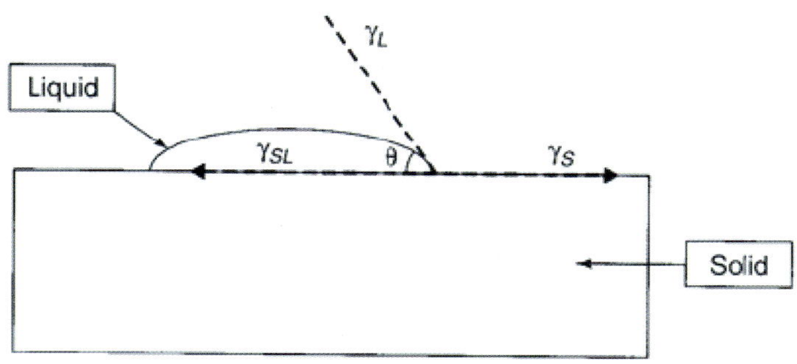

탄소 나노튜브(Carbon NanoTube, CNT)

1991년 일본의 이지마 박사에 의해 처음으로 발견된 탄소 나노튜브는 원자적으로 각 탄소원자가 끊긴 결합 없이 삼중결합을 유지하고 있는 일차원적인 단순 구조체이며, 그럼에도 불구하고 금속성질 또는 반도체 특성과 같은 다양한 전자적 특성과 뛰어난 강도 등을 보여준다. 탄소 나노튜브는 제조방법에 따라 구조적 형태(단일 벽, 다중 벽, 이중 벽 등)가 변하고, 이에 따라 물성이 달라지는데 이를 이용하여 수소저장, FED(Field Emission Display), 전자디바이스, 복합재료 등 다양한 용도로 활용되고 있다. 특히 연료전지에서는 촉매의 담지체로서도 활용되고 있다.

- **탄소 나노혼(Carbon Nanohorn, CNH)** : 탄소나노튜브의 일종이라고 할 수 있으며, 일본의 NEC에서 이를 전극에 적용한 사례가 있다. 아래의 우측 그림(단일 층 나노혼)에서 보면 끝 부분이 깔대기 모양을 하고 있으며, 막혀 있는 형태이다. 왼편의 그림은 탄소 나노혼 집합체의 SEM 사진이다.

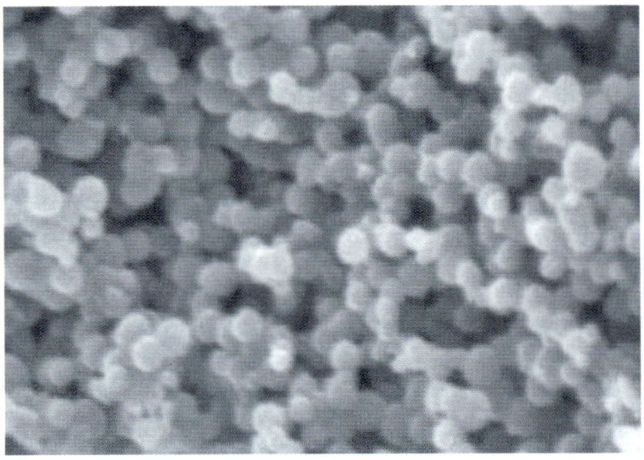
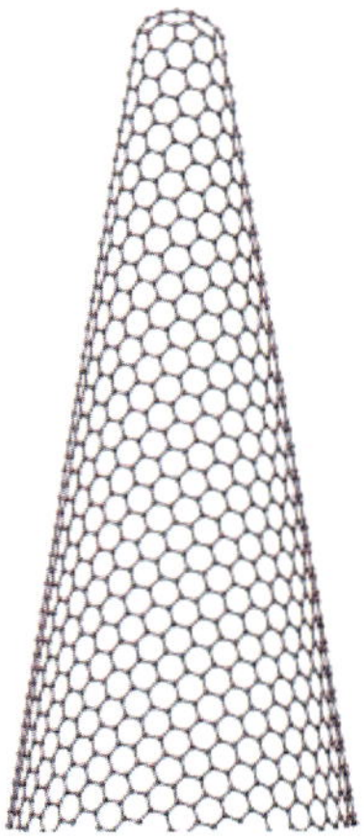

자료출처 : www.nanonet.go.jp

탄화수소(Hydrocarbon)

탄소와 수소가 다양한 형태로 결합된 화합물이며, 오일, 메탄, 프로판, 부탄 등이 있다.

탈황기(Desulfurizer)

연료에 혼합되어 있는 황 성분을 제거하는 장치. 도시가스는 원래 무색 무취의 기체이며, 누설 발생 시 위험을 쉽게 인지할 수 있도록 부취제를 첨가하는데 부취제에 황이 포함되어 있다. 황은 연료 변환기(Fuel Processor) 및 연료전지 스택의 촉매에 치명적으로 작용하기 때문에 연료 변환기로 공급되기 전에 이러한 황 성분을 제거하여야 하며 이 부분을 탈황기라고 한다.

퇴화 속도(Degradation Rate)

셀의 성능은 시간에 따라 감소하게 되며, 퇴화속도는 셀 성능이 회복 가능한 수준 혹은 영구적 손상이 발생된 경우 모두에 측정되어 사용할 수 있으며, 일반적으로 사용하는 경우는 회복 불가능한 손상일 때이며, 정격전압에서 단위시간당 전압강하 속도(dV/dt)의 단위로 주로 사용한다.

투과(Crossover)

전해질 막을 통해 연료 혹은 산화물이 반대편으로 이동하는 현상.

패러데이 상수(Faraday constant)

보편상수의 하나로 저해질의 전기분해에서 1g 당량의 물질을 석출하는 데 소요되는 전기량을 말하며, 간단히 패러데이라고도 한다. 기호는 F로 나타낸다.

F=(9.648670±0.00016)×10^4C/mol, 여기서 mol(몰)은 1212C의 원자량을 12로 정한 통일 원자량 단위에 의한 mol에 의거한다.

팬(Fan)

축차(Rotor)가 돌아가면서 낮은 압력에서 기체나 공기의 흐름을 일으키는 장치

퍼지(Purge)

불활성가스(질소 등)를 이용하여 공기, 기체, 혹은 혼합물이 흐르는 도관에서 해당 물질을 배출해 내는 것

펌프(Pump)

압력작용에 의하여 액체나 기체의 유체를 관을 통해서 수송하거나, 저압의 용기 속에 있는 유체를 관을 통하여 고압의 용기 속으로 압송하는 기계이다. 펌프의 기본 성능을 표시하는 데에는 펌프가 액체를 밀어올릴 수 있는 높이를 나타내는 양정과 단위시간에 송출할 수 있는 유체의 부피를 나타내는 유량으로 표시한다.

연료전지 시스템에서 연료나 공기, 냉각수 등의 공급 등에 사용되며, BOP의 하나가 된다.

평균 고장 간격(Meantime Between Failure, MTBF)

신뢰성 척도의 하나로 수리 가능한 장치의 어떤 고장과 다음 고장 사이 즉 수리 완료로부터 다음 고장까지 무고장으로 작동하는 시간의 평균값

평형 상수(Equilibrium constant)

화학반응에서 반응계와 생성계와의 양적 관계를 나타내는 상수이다. 평형상수는 화학평형의 법칙으로부터 유도된 것으로 생성물질의 몰 농도 곱과 반응물의 몰 농도 곱의 비이며, 평형상수가 크면 정반응이 활발하여 생성물질이 많이 존재하는 것이고 화학반응식의 계수가 변하면 평형상수 값도 변한다. 평형상수는 온도만의 함수로서 압력이나 농도에는 영향을 받지 않는다. 평형상수는 반응의 진척 정도나 반응의 방향 등을 알 수 있는 중요한 값이다. 참고로 촉매는 평형상태에 도달하는 속도를 증가시키지만 평형농도에는 영향을 주지 않는다.

포화 수증기압(Saturated Vapor Pressure)

온도에 관계없이 액체 분자들 중 일부는 증발에 필요한 충분한 운동에너지를 갖기 때문에, 액체 표면에서 대기 중으로 증발이 일어나게 된다. 하지만 동시에 대기 중에 있는 분자들 중에서도 충돌 등에 의해 운동에너지를 잃게 되면 액체로 다시 돌아오게 된다. 증발이 계속 일어나다가 어느 시점에서 증발하는 분자 수와 되돌아오는 분자 수가 같아지게 되는데, 이 때의 수증기량을 포화 수증기량이라고 하고, 그 때의 압력을 포화 수증기압이라고 한다.

• 아래는 ITS-90에 따른 포화 수증기압표(단위는 ℃, kPa)와 이를 도시한 그래프이며 온도 증가에 따라 지수함수적으로 포화수증기압이 증가함을 보여준다.

온도	압력	온도	압력	온도	압력	온도	압력
0	0.61362	25	3.1828	50	12.416	75	38.828
1	0.65061	26	3.3776	51	13.047	76	40.48
2	0.70869	27	3.5828	52	13.704	77	42.191
3	0.76097	28	3.7988	53	14.389	78	43.961
4	0.81664	29	4.026	54	15.104	79	45.793
5	0.87589	30	4.2649	55	15.849	80	47.688
6	0.9389	31	4.5161	56	16.625	81	49.647
7	1.0059	32	4.7801	57	17.433	82	51.673
8	1.0771	33	5.0573	58	18.274	83	53.767
9	1.1526	34	5.3484	59	19.15	84	55.931
10	1.2329	35	5.654	60	20.061	85	58.166
11	1.318	36	5.9745	61	21.009	86	60.474
12	1.4082	37	6.3107	62	21.995	87	62.857
13	1.5038	38	6.6632	63	23.02	88	65.316
14	1.6051	39	7.0325	64	24.085	89	67.853
15	1.7123	40	7.4194	65	25.191	90	70.471
16	1.8258	41	7.8246	66	26.34	91	73.17
17	1.9459	42	8.2488	67	27.533	92	75.952
18	2.0728	43	8.6926	68	28.772	93	78.82
19	2.2069	44	9.1569	69	30.057	94	81.774
20	2.3485	45	9.6424	70	31.391	95	84.817
21	2.4981	46	10.15	71	32.773	96	87.951
22	2.6559	47	10.68	72	34.207	97	91.176
23	2.8223	48	11.234	73	35.693	98	94.495
24	2.9978	49	11.813	74	37.233	99	97.909

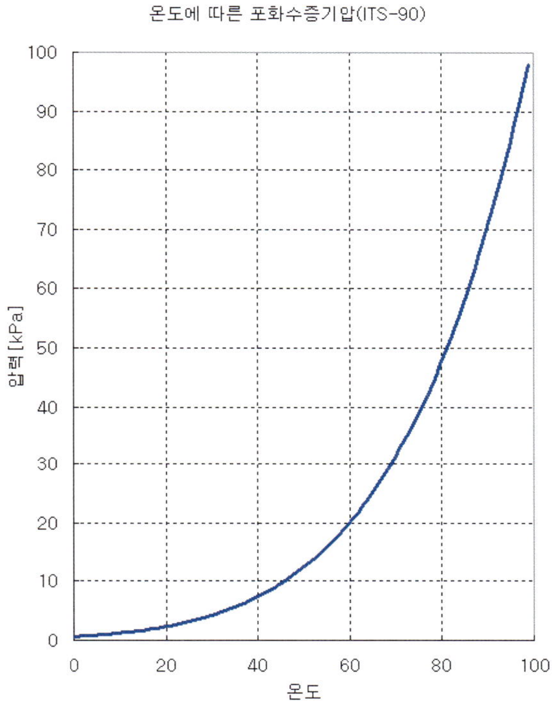

표면 장력(Surface tension)

액체의 자유표면에서 표면을 작게 하려고 작용하는 장력을 말하며 계면장력이라고도 한다. 이는 액면 부근의 분자가 액체 속의 분자보다 위치에너지가 크고, 이 때문에 액체가 전체로서 표면적에 비례한 에너지인 표면 에너지를 가지기 때문에 일어난다. 고분자전해질 연료전지 분리판의 경우 유로에서 기체와 액체가 모두 공존하여 이동하게 되며, 이러한 유체의 원활한 흐름을 돕기 위해 분리판의 표면장력을 조절할 수 있다.

분리판의 표면장력을 작게 하면 친수성(Hydrophilicity)이 커져서 분리판 표면에 생기는 물 분자가 편평한 형태가 되고, 반대로 표면장력을 크게 하면 발수성(Hydrophobicity)이 커져서 물 분자는 접촉각(Contact Angle)이 커져서 구상으로 되려는 경향을 가진다. 이러한 분리판의 특성은 분리판에 첨가하는 수지의 선택이나 산 혹은 플라즈마 등의 후처리 과정을 통해 변하게 할 수 있다.

풀러렌(Fullerene)

탄소원자의 5각형과 6각형이 공 모양으로 연결된 분자의 총칭. 흑연조각에 레이저를 쏘았을 때 남아 있는 그을음에서 발견한 물질이며, 주로 탄소 원소 60개가 축구공 모양으로 결합하여 생긴

탄소의 클러스터 C60을 말한다. 12개의 5원환과 20개의 6원환으로 이루어져 있으며, 각각의 5원환에는 5개의 6원환이 인접해 있다.
C60 이외에도 다양한 형태로 제조되고 있으며, 연료전지 분야에서는 수소저장이나, 고온 내열성이 뛰어난 전해질 개발재료로 사용된 사례가 있다.
아래 그램은 C60(왼편)과 C70(오른편)이다.

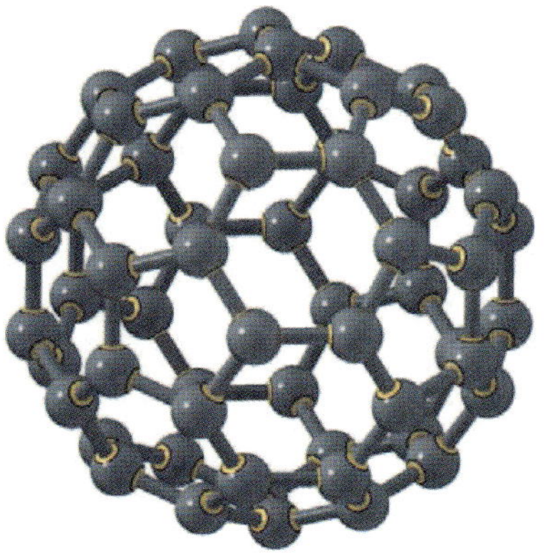

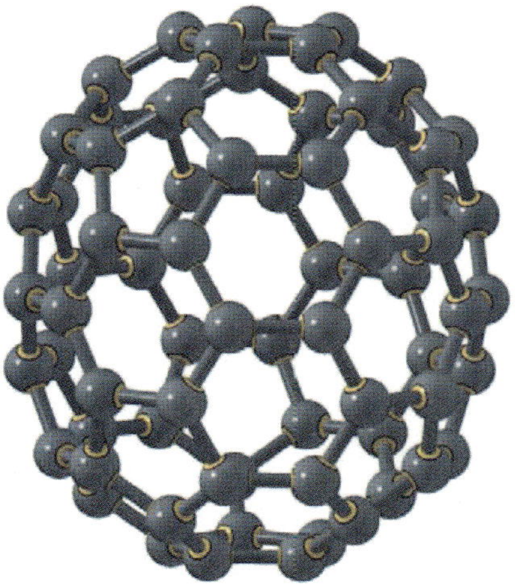

자료출처 : www.stonybrook.edu/chemistry

플러딩(Flooding)

고분자 전해질 연료전지에서 셀 내부에서 물이 정상적으로 외부로 배출되지 못하는 경우 이를 플러딩이라고 하며, 플러딩이 발생하게 되면 연료나 산소가 전극촉매까지 이동하기가 어려워지기 때문에 셀의 전압이 떨어지게 된다.
특히 스택의 경우 각 셀 간의 전압편차가 심해지는 주요한 원인 중의 하나이다.
스택의 경우 각 셀 간으로 균일한 연료나 공기의 공급이 이루어지지 않을 경우 유량이 상대적으로 낮은 특정 셀에서 플러딩 현상이 발생할 수 있다. 이외에도 스택 입출구에서의 차압의 정도, 연료나 공기 이용률, 스택의 운전온도, 냉각수의 입출구 온도 편차 등 다양한 원인에 의해서 플러딩이 발생할 수 있으므로 스택 내의 물 관리(Water Management)는 매우 중요하다.

피독(Poisoning)

전극 혹은 연료변환기의 촉매 혹은 전해질이 연료전지 또는 연료변환기로 공급되는 유체에 존재하는 오염물에 의해 회복 불가능한 상태로 성능이 퇴화되는 것을 말한다. 피독의 영향은 특히 저온형 연료전지에서 크게 나타난다.

필터(Filter)

공기나 유체에서 입자 등과 같은 고체성분을 제거하는 장치

하이브리드 시스템(Hybrid system)

하이브리드는 개별부품의 조합과 같은 혼성을 의미하는데, 어떤 두 가지 부품이나 기술을 함께 사용하여 보다 우수한 부품 혹은 제품을 완성하는 것을 말한다. 전기자동차와 가솔린 자동차의 하이브리드 형태, 연료전지와 배터리를 연계시켜 제작한 연료전지 자동차 혹은 연료전지 시스템 등이 이에 해당한다.

화학 양론비(Stoichiometry Ratio, SR)

연료전지의 반응에 필요한 연료나 산화제의 양에 대해 연료전지로 공급된 연료나 산화제의 양. 유사한 표현으로 이용률(Utilization Ratio)이 있으며, 화학 양론비의 역수를 % 단위로 변환한 것이 이용률이 된다.

활성 면적(Active Area)

셀의 전체면적 중에서 실제 화학반응에 참여하는 부분의 면적이며, 따라서 활성면적은 셀의 전체면적보다 작고, 활성면적 이외의 부분에서 밀봉 등의 기능을 수행할 수 있도록 제작된다.

활성화(Activation)

화학적 측면에서는 어떤 물질을 열, 복사, 활성화 물질 등을 이용하여 화학적 혹은 물리적 변화를 보다 빠르게 혹은 보다 완전하게 수행하는 처리이며, 전기적 측면에서는 공기극(Cathode)에서의 환원속도를 빠르게 해주는 것을 의미한다.

활성화 에너지(Activation energy)

반응을 일으키는 데 필요한 최소한의 에너지. 어떤 반응을 진행시키기 위해서는 반응물질들이 필요하고, 그 반응물질들이 서로 만나야 한다. 그렇지만 만나기만 한다고 반응이 곧바로 진행되는 것은 아니며, 반응이 일어나기 위해 반응을 일으킬 수 있을 정도의 에너지를 가진 분자들이 알맞은 방향으로 충돌해야 한다. 즉, 분자들이 만나 반응을 진행시키는 데 필요한 최소한의 에너지를 활성화 에너지라 부르며 따라서 활성화 에너지 이상의 에너지를 갖는 분자들만이 반응에 참여할 수 있다. 활성화 에너지가 클 경우 반응속도가 느리며 활성화 에너지가 작을 경우 반응속도가 빠르다. 참고로 촉매는 이 활성화 에너지를 낮춰주는(부촉매의 경우 이를 높여준다) 역할을 한다.

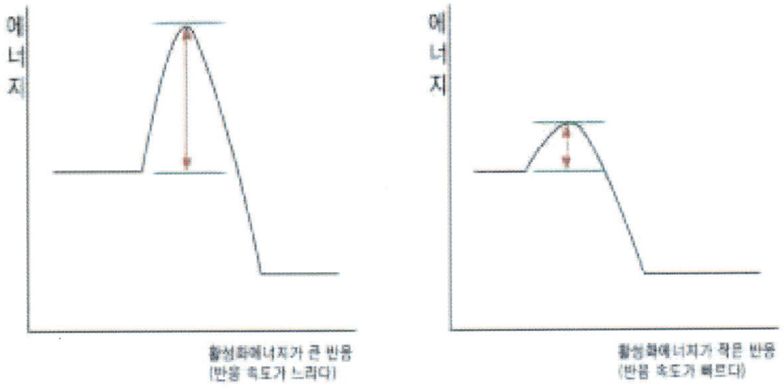

활성탄(Activated Carbon)

표면의 계면에너지를 높게 하여 다른 물질이 표면에 쉽게 흡착될 수 있도록 만든 것이며, 연료전지 촉매의 제조시 촉매 지지체로 사용하여 촉매입자들이 활성탄 표면에 잘 흡착되게 해준다.

효율(Efficiency)

동적 시스템(Dynamic System)에서 특정 운전 시간 동안 공급된 총 에너지에 대한 생산한 유효에너지의 비율[%]. 일반적으로 시스템의 전기효율을 발전효율이라고 한다.

- **발전 효율(Generation Efficiency)** : 발전기에 투입하는 에너지에 대한 발전량의 비율. 현재 운용되고 있는 기력발전(증기터빈 등)의 발전효율은 40~50%이며, 수력발전의 발전효율은 80~90% 정도이다. 현재 단계에서 기타 발전기의 발전효율을 보면, 건식 태양광발전이 8~15%, 풍력발전이 30%, 연료전지가 30~40%(전기효율), 터빈식의 해양 온도차 발전이 2~3% 정도가 된다.
  특히 화력발전의 발전효율에 있어서는, 발전기 혹은 그 원동기에 투입하는 열에너지에 대한 발전기에서 얻을 수 있는 전기에너지의 비율을 발전단열효율(Generation Adiabatic Efficiency)이라고 하며, 투입에너지에 대해 발전시설에서 소비되는 에너지도 포함시키는 경우에는 송전단열효율이라고 한다.
  예를 들어, 화력발전의 발전효율은 45~50% 정도이지만, 여기에 보일러 등에서 발생하는 열손실이 더해지는 발전단열효율은 39~43% 정도로 떨어진다. 나아가 투입 열에너지의 3~8% 정도가 발전시설 전체의 운용에 소요되므로 송전단열효율은 37~41% 정도로 떨어지게 된다. 일반적으로 화력발전소의 발전효율이라고 할 때는 송전단열효율을 가르키는 경우가 많다.
  가정용 연료전지 열병합 발전 시스템의 경우 효율은 발전효율(전기효율)과 열효율(열회수효율)로 구분할 수 있으며 그 정의는 다음과 같다.
- **전기 효율(Electrical Efficiency)** : 스택에서 배출되는 연료극 배출 가스(Anode off gas)가 연

료변환기의 버너로 재순환된 30분 후부터 3시간 동안의 공급된 연료의 열량에 대한 생산된 전기량의 비율[%]

- 전기효율 계산식

$$\text{전기효율[\%]} = \frac{(\text{연료전지발전량[kWh]} - \text{연료전지수전량[kWh]})}{\text{연료전지 연료공급량[kWh]}} \times 100$$

- 고위 발열량 기준으로 전기효율(HHV)를 계산할 경우 연료의 발열량도 동일하게 적용하면 되며, 국내에 공급되는 도시가스의 표준열량은 10,500kcal/NM3(HHV)이다. LHV로는 약 9,500kcal/NM3) 연료전지 시스템으로 공급되는 도시가스는 온도와 압력이 장소와 시간에 따라 변할 수 있기 때문에 위 계산식에서 연료 공급량의 열량 계산에서 보정해주어야 한다.
- 일반적으로 기체의 유량은 [LPM]으로 많이 사용하는데, 위 식을 [LPM] 기준으로 바꿀 경우 다음과 같이 전기효율을 계산할 수 있다. 이때, 발전량과 수전량은 3시간 동안 측정한 것을 사용하여야 하며, 연료전지 공급유량은 3시간 동안의 평균값을 사용하여야 한다.

$$\text{전기효율[\%]} = \frac{(\text{연료전지발전량[kWh]} - \text{연료전지수전량[kWh]})}{\text{연료전지공급유량[LPM]} \times 7907.76} \times 100$$

* 참고로, 특정 순간에서의 연료전지 시스템 전기효율을 계산하고자 할 경우에는 해당시간 동안의 발전량과 수전량을 위 식에 대입한 후, 측정한 시간[분]을 위 식에 곱한 후 180으로 나누면 특정순간에서의 전기효율을 구할 수 있다.

- **열 효율(Thermal Efficiency)** : 일반적으로 열기관이 하는 유효한 일과 이것에 공급한 열량 또는 연료의 발열량과의 비이며, 가정용 연료전지 시스템에서의 열효율은 전기효율과 동일한 측정기준에서 공급된 연료공급량에 대해 얻어낸 열 회수량의 비이다.

  - 열효율 계산식

$$\text{열효율[\%]} = \frac{\text{연료전지열회수량[kWh]}}{\text{연료전지 연료공급량[kWh]}} \times 100$$

  - 일반적으로 열량은 칼로리 단위를 많이 사용하고(물의 비열 = 1cal/g℃), 온수의 배출유량 역시 [LPM] 단위를 사용할 경우 위 식은 다음과 같이 사용할 수 있다. 온수배출유량과 온수 입출구 온도차는 및 연료전지 공급유량은 3시간 동안 측정한 값의 평균값을 사용하여야 한다.

$$\text{열효율[\%]} = \frac{\text{온수배출유량[LPM]} \times \text{온수입출구온도차[℃]} \times 753.12}{\text{연료전지공급유량[LPM]} \times 7907.76} \times 100$$

* 참고로, 특정순간에서의 연료전지 시스템 열효율을 계산하고자 할 경우 온수배출유량과 연료전지 공급유량의 단위를 모두 [LPM]으로 할 경우 동일한 식을 사용할 수 있다.

- **종합 효율**(Overall Efficiency) = 전기 효율 + 열 효율

흐름(Flow)

액체 또는 기체의 각 부분이 시간과 함께 연속적으로 그 위치를 이동하는 현상

- **역방향 흐름**(Counter flow) : 연료전지 셀 내부로 유입되는 연료와 공기(산화제)가 완전히 역방향으로 흐르는 것. 즉 연료가 유입되는 입구의 바로 반대면에 공기의 출구가 있는 형태이며, 공기의 입구 반대 면에 연료의 입구가 있는 형태이다.
- **순방향 흐름**(Co flow) : 연료와 공기의 입구가 서로 반대 면에 있는 형태
- **교차 흐름**(Cross flow) : 연료와 공기의 흐름이 교차하는 형태, 즉 두 유체의 흐름 방향이 수직인 흐름
- **준역방향 흐름**(Semi-counter flow) : MEA를 경계로 하고 있는 연료와 공기의 유로가 역방향 흐름이지만, 역방향 흐름과는 달리 연료의 입구가 공기의 출구는 아닌 형태. 사행구조(Serpentine)에서 연료의 입구와 출구가 좌측상단과 우측하단일 경우, 공기의 입구와 출구는 우측상단과 좌측하단이 되는 형태이다.

흡수(Absorption)

기체가 액체나 고체 내부에 빨려 들어가는 일을 말하며, 이 경우 하나의 상(相)이 두 상의 경계면을 지나 다른 하나의 상으로 이동하게 된다.

흡열 반응(Endothermic reaction)

반응이 진행될 때 주위로부터 열을 흡수하는 반응이며, 반응물질의 에너지가 생성하고자 하는 물질의 에너지보다 작을 경우에 일어난다.

흡착(Adsorption)

2개의 상(相)이 접할 때, 그 상을 구성하고 있는 성분물질이 경계면에 농축되는 현상. 용질이 두 상의 경계면을 지나 1개의 상으로부터 다른 상으로 이동하는 흡수(Absorption)와는 구별된다. 표면 또는 계면에 흡착이 일어날 때를 양흡착이라고 하며, 그 반대로 계면 쪽이 내부보다 성분 농도가 엷어진 때를 음흡착이라 하며, 다량의 양흡착을 일으키는 물질을 흡착제라 한다. 대표적인 예로 연료전지 촉매의 지지체로 많이 사용되는 활성탄(Activated Carbon)이 있다.

〈 영어 약어 목록 〉

AC	: Alternating Current
AES	: Auger Electron Spectroscopy
AFC	: Alkaline Fuel Cell
AFV	: Alternative Fuel Vehicle
AH	: Absolute Humidity
ANL	: Argonne National Laboratory
ANSI	: American national Standards Institute
APCI	: Air Products and Chemical, Inc.
APU	: Auxiliary Power Unit
ASHRAE	: American Society of Heating, Refrigerating and Air conditioning Engineers
ASME	: American Society of Mechanical Engineers
atm	: Atmosphere
ATR	: Auto Thermal Reforming
BEV	: Battery Electric Vehicle
BOCA	: Building Officials and Code Administrators international
BOL	: Beginning of Life
BOP	: Balance of Plant
BP	: Bipolar Plate
Btu	: British Thermal Unit
℃	: degrees Celsius
CA	: Chrono Amperemetry
CaFCP	: California Fuel Cell Partnership
CARB	: California Air Resources Board
CC	: Current Collector
CCITT	: Consultative Committee for International Telegraph and Telephony
CEC	: California Energy Commission
CGA	: Compressed Gas Association
CH_4	: Methane

CHP	: Combined Heat and Power
cm^2	: Square centimeter
CNG	: Compressed Natural Gas
CNH	: Carbon Nano Horn
CNT	: Carbon Nano Tube
CO	: Carbon monoxide
CO_2	: Carbon dioxide
CPA	: California Power Administration
CPO	: Catalytic Partial Oxidation
CSA	: Canadian Standards Association International of America
CV	: Cyclic Voltammetry
CVD	: Chemical Vapor Deposition
CY	: Calendar year
DARPA	: U.S. Defense Advanced Research Projects Agency
dB	: Decibel
dB(A)	: Decibel ampere
DC	: Direct Current
DCX	: Daimler Chrysler
DETR	: United Kingdom Department of the Environment, Transport and the regions
DFMA	: Design for Manufacture and Assembly
DG	: Distributed Generation
DHE	: Dynamic Hydrogen Electrode
DI	: Direct Injection
DI water	: Distilled Water
DL	: Double Layer
DMFC	: Direct Methanol Fuel Cell
DOC	: U.S. Department of Commerce
DOD	: U.S. Department of Defense
DOE	: U.S. Department of Energy
DOT	: U.S. Department of Transportation
DP	: Dew Point

DPT : Dew Point Temperature
DTI : United Kingdom Department of Trade and Industry
EC : European Commission
ECE WP29 : United Nations Economic Commission for Europe Working Party 29
ECJ : European Court of Justice
EERE : Energy Efficiency and Renewable Energy
EIHP : European Integrated Hydrogen Project
EL : Electro Luminescence
ELV : End of Life Vehicles
EOL : End of Life
EP : End Plate
EPA : U.S. Environmental Protection Agency
EPAct : Energy Policy Act
ESR : Electron Spin Resonance
EU : European Union
EV : Electric Vehicle
EW : Equivalent Weight
EXAFS : Extended X ray Absorption Fine Structure
EZEV : Equivalent to Zero Emissions Vehicle
F : Faraday Constant
°F : degrees Fahrenheit
FC : Fuel Cell
FCDIC : Japanese Fuel Cell Development Information Center
FCEV : Fuel Cell Electric Vehicle
FE : Fossil Energy
FEP : Tetrafluoroethylene co hexafluoropropylene
FEMP : Federal Energy Management Program
FMEA : Failure Mode and Effects Analysis
FP : Fuel Processor
ft^2 : Square foot
FTIR : Fourier Transform Infrared Spectroscopy

FY : Fiscal Year
g : gram
gal : Gallon
GATE : Graduate Automotive Technology Education (a DOE program)
GDI : Gasoline Direct Injection
GDL : Gas Diffusion Layer
GDM : Gas Diffusion Medium[Media]
GE : General Electric
GEM : Global Electric Motocars (a subsidiary of DaimlerChrysler)
gge : Gallon of gasoline equivalent
GHG : Greenhouse gas
GM : General Motors
GRPE : Global Technical Regulations on Pollution and Energy
GTR : Global Technical Regulations
HAMMER : Hazardous Materials Management and Emergency Response
H_2 : Molecular hydrogen
H_2O : Water Molecule
H_2S : Hydrogen Sulfide
HC : Hydrocarbons
HCG : Hydrogen Coordination Group
HDV : Heavy Duty Vehicle
HEV : Hybrid Electric Vehicle
HHV : Higher Heating Value
HP : Horse Power
HQ : Head Quarters
hr : hour
HTAP : Hydrogen Technical Advisory Panel
HTM : High Temperature Membrane
HVAC : Heating, Ventilation and Air Conditioning
HX : Heat Exchanger
IB : Integrated Baseline

IC : Internal Combustion
ICE : Internal Combustion Engine
IAPMO : International Association of Plumbing and Mechanical Officials
ICBO : International Conference of Building Officials
ICC : International Code Council, Inc.
IEA : International Energy Agency
IEC : International Electro technical Commission
IEEE : Institute of Electrical and Electronic Engineers
IFC : International Fuel Cells.
IL : Illinois
IMA : Integrated Motor Assist
in^2 : Square inch
IPE : Inverse Photo Emission
IPHE : International Partnership for the Hydrogen Economy
IRR : Internal Rate of Return
ISO : International Organization for Standardization
JAMA : Japanese Automotive Manufacturers Association
JEA : Japanese Environment Agency
K-12 : Kindegarten through 12 grade
KO (drum) : Knock out drum
kg : Kilogram
kW : Kilowatt
kWe : Kilowatt electric
kWh : Kilowatt=hour
L : Liter
LANL : Los Alamos National Laboratories
lb : Pound
LDV : Light Duty Vehicle
LEED : Low Energy Electron Diffraction
LEV : Low Emission Vehicle
LFL : Low Flammability Limit

LHV	: Lower Heating Value
LMMS	: laser Microprobe Mass Spectroscopy
LNG	: Liquefied Natural Gas
LPG	: Liquefied Petroleum Gas
mA	: Milliampere
MCFC	: Molten Carbonate Fuel Cell
MEA	: Membrane Electrode Assembly
MeOH	: Methanol
MFC	: Mass Flow Controller
MFM	: Mass Flow Meter
Min	: Minute
MJ	: Mega Joule
MMBTU	: Million British Thermal Unit
mmb	: Million Barrels
MMTCE	: Million Tons Carbon Equivalent
MOU	: Memorandum of Understanding
msec	: Millisecond
MSM	: Macro System Model
MTBF	: Mean Time Between Failure
mV	: Millivolt
N_2	: Molecular Nitrogen
NASA	: National Aeronautics and Space Administration
NE	: Nuclear Energy
NEBUS	: New Electric Bus
NECAR	: New Electric Car
NEDO	: Japanese New Energy and industrial technology Development Organization
NEP	: National Energy Policy
NETL	: National Energy Technology Laboratory
NEV	: Neighbourhood Electric Vehicle
NFPA	: National Fire Protection Association
NG	: Natural Gas

NGI : Natural Gas Institute
NGV : Natural Gas Vehicle
NH_3 : Ammonia
NHE : Normal Hydrogen Electrode
NHTSA : National Highway Traffic Safety Administration
NiMH : Nickel Metal Hydride
NLEV : National Low Emissions Vehicle
NMHC : Non Methane Hydrogen
NMOG : Non Methane Organic Gases
NOx : Oxides of Nitrogen
NREL : National Renewable Energy Laboratory
NSF : National Science Foundation
NZEV : Near Zero Emissions Vehicle
O_2 : Molecular Hydrogen
OAAT : U.S. Office of Advanced Automotive Technologies
O&M : Operation and Maintenance
OCV : Open Circuit Voltage
OECD : Organization for Economic Cooperation and Development
OEM : Original Equipment Manufacturer
OMB : Office of Management and Budget
OPEC : Operation of Petroleum Exporting Countries
ORNL : Oak Ridge National Laboratory
OTT : U.S. Office of Transport Technologies
Pa : Pascal
PAFC : Phosphoric Acid Fuel Cell
PART : Program Assessment Rating Tool
PAS : Photo Acoustic Spectroscopy
PB : Programmatic Baseline
PBA : Planning, Budget and Analysis
Pd : Palladium
PEFC : Polymer Electrolyte Fuel Cell

PEM	: Proton Exchange Membrane, Polymer Electrolyte Membrane
PEMFC	: Proton Exchange Membrane Fuel Cell, Polymer Electrolyte Membrane Fuel Cell
PL	: Photoluminescence Spectroscopy
PM	: Particulate Matter
PNGV	: U.S. Partnership for a New Generation of Vehicles
POx	: Partial Oxidation
ppb	: Parts Per Billion
ppm	: Parts Per Million
PROx	: Preferential Oxidation
PSA	: Pressure Swing Adsorption
psi	: Pounds per square inch
psig	: Pounds per square inch gauge
Pt	: Platinum
PTFE	: Ploytetrafluoroethylene
PTS	: Photo Thermal Spectroscopy
PVC	: Polyvinyl Chloride
PVD	: Physical Vapor Deposition
PVDF	: Polyvinylidene Fluoride
PZEV	: Partial Zero Emissions Vehicles
Q	: Quarter
Ramen SERS	: Raman and Surface Enhanced Raman Spectroscopy
R&D	: Research and Development
RBS	: Rutherford Backscattering Spectroscopy
RD@D	: Research, Development and Demonstration
RE	: Reference Electrode
RFC	: Reversible Fuel Cell, Residential Fuel Cell
RH	: Relative Humidity
RPG	: Residential Power Generation
RTD	: Resistance Temperature Detector
Ru	: Ruthenium

s : second
S : Siemens
SAE : Society of Automotive Engineers
SBCCI : Southern Building Code Congress International
Sc : Science
SCAQMD : South Coast Air Quality Management District(California)
scc : Standard cubic centimeter
scf : Standard cubic feet
scfh : Standard cubic feet per hour
SDO : Standards Development Organization
sec : Second
SECA : Solid state Energy Conversion Alliance
selox : Selective Oxication
SEM : Scanning Electron Microscopy
SH : Specific Heat
SHE : Standard Hydrogen Electrode
SHG : Second Harmonic Generation
SIMS : Secondary Ion Mass Spectroscopy
SMS : Strategic Management System
SO_2 : Sulfur dioxide
SOFC : Solid Oxide Fuel Cell
SOP : Standard Operation Procedures
SOx : Sulfur Oxides
SR : Steam Reforming
STEM : Scanning Transmission Electron Spectroscopy
STP : Standard Temperature and Pressure
SULEV : Super Ultra Low Emissions Vehicles
SUV : Sports Utility Vehicle
SwRI : Southwest Research Institute
TAG : Technical Advisory Group
TB : Technical Baseline

TBD	: Te Be Determined
Tc	: Thermocouple
TC	: Technical Committee
TEM	: Transmission Electron Microscopy
THC	: Total Hydrocarbon
UC Berkeley	: University of California at Berkeley
UL	: Underwriters Laboratories
ULEV	: Ultra Low Emissions Vehicles
UPS	: Ultraviolet Photoelectron Spectroscopy, Uninterrupted Power Supply
URFC	: Unitized Regenerative Fuel Cell
U.S	: United States
USABC	: United States Advanced Battery Consortium
USCAR	: U.S. Council for Automotive Research and organization
UV	: Ultraviolet
UV-vis	: UV(Ultra Violet) visible Spectroscopy
V	: Volt
W	: Watt
WE	: Working Electrode
WGS	: Water Gas Shift
WFCA	: Western Fire Chiefs Association
wt	: Weight
XPS	: X-Ray Photoelectron Spectroscopy
XRD	: X-Ray Diffraction
XRF	: X-Ray Fluorescence
ZEV	: Zero Emission Vehicle
ZLEV	: Zero Level Emission Vehicle

부록 2. 특허 동향 분석 보고서 요약

수소제조 및 저장분야
특허 동향

2007. 10

특 허 청
Korean Intellectual Property Office

특허동향 비교 - 특허출원 현황

- 수소제조 및 저장기술은 한 · 미 · 일 · 유럽특허에서 모두 증가하고 있으며, 특히 일본특허에 60% 이상의 관련기술이 존재함
  - 미국등록특허의 경우, '76년 이후부터 현재까지 매년 꾸준한 등록증가세를 보이고 있음. 일본과 한국의 경우도 매년 출원건수가 증가하고 있으나 유럽특허의 경우, 2000년 이후 다소 감소하는 추세를 보임
  - 수소제조 및 저장기술은 전체 분석대상 중 66%가 일본특허이며, 이어 미국 > 유럽 > 한국의 순으로 특허분포를 보임

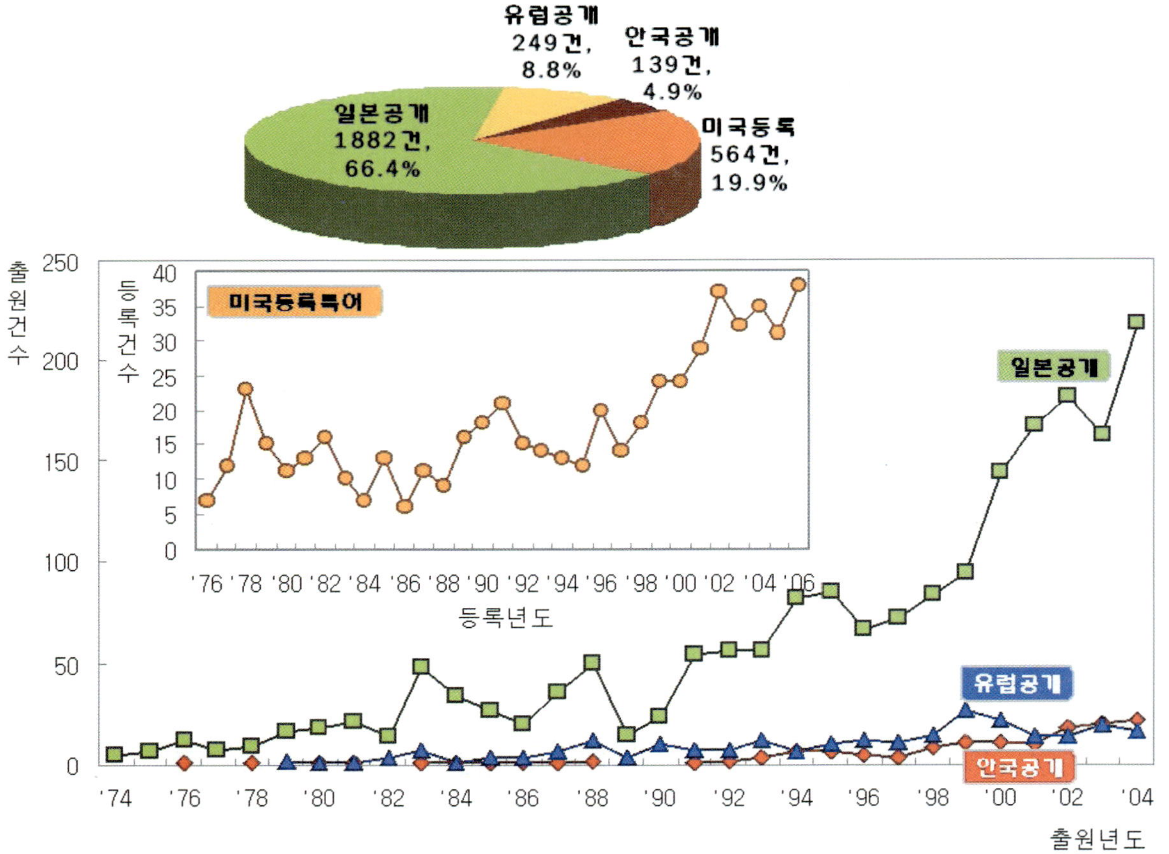

※ 분석구간 : 한국, 일본, 유럽특허 ~2006(출원년도), 미국특허 ~2004(등록년도)

그림 1 수소제조 및 저장기술의 국가별 점유율 및 특허건수 추이

특허동향 비교 - 선택과 집중(주요국가)

- 주요국가는 일본의 경우, 물 및 화석연료로부터 수소제조분야, 미국은 화석연료로부터 수소제조분야, 한국은 수소 정제분야, 독일은 수소 정제분야 및 물리적 저장분야에 특허활동을 집중하는 것으로 국가별 특허활동지수(AI)를 통해 나타남
  - 화학적 저장의 경우, 전체적으로 관련기술의 12건에 그치는 등 특허수가 미미함

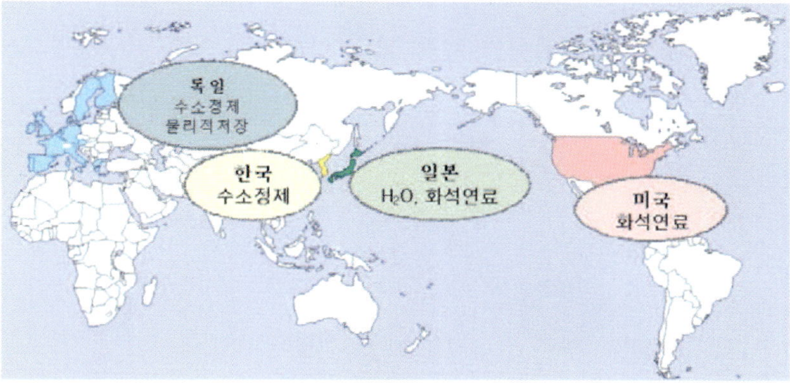

※ AI(특허활동지수)값과 각국의 기술분야별 특허건수를 감안하여 도출한 역점분야

그림 2 주요국의 역점기술분야

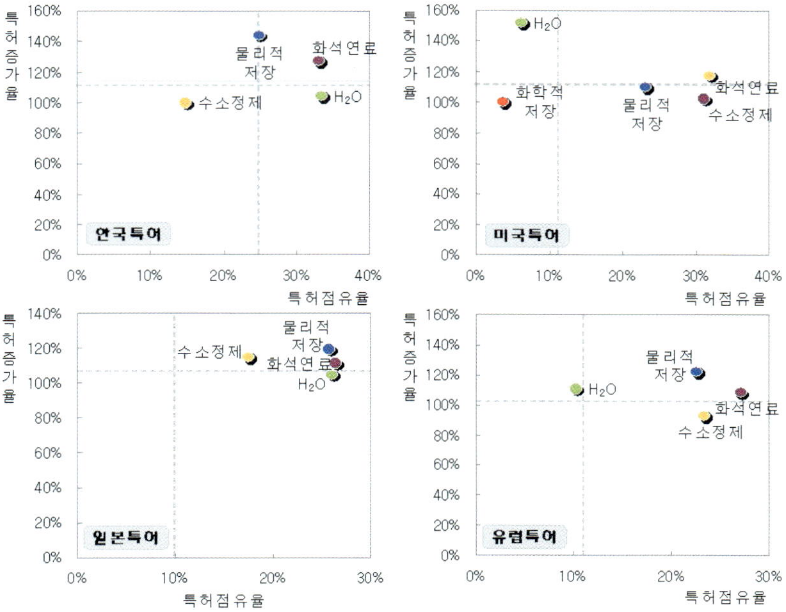

그림 3 특허점유율 및 증가율에 따른 포트폴리오 분석

특허동향 비교 - 선택과 집중(주요기업)

- 미국과 유럽을 중심으로 AIR PRODUCTS & CHEMICALS, IDATECH가 활발한 특허활동을 펴고 있음
  - 두 기업 모두 보유특허의 대부분이 수소정제분야 기술로서 이 분야에 주력하고 있으며 주요 출원인 중 에너지 관련기업의 수가 적은 것은 수소 자체에 특징있는 특허를 위주로 분석대상을 한정했기 때문으로 판단됨
  - KIST, 화학연구원, KAIST 등이 한국특허에 점유율을 보이고 있지만 미국 등의 해외출원에서는 그 수가 거의 전무하여 시장 및 권리확보를 위한 전략적인 특허활동은 거의 이루어지지 않고 있음

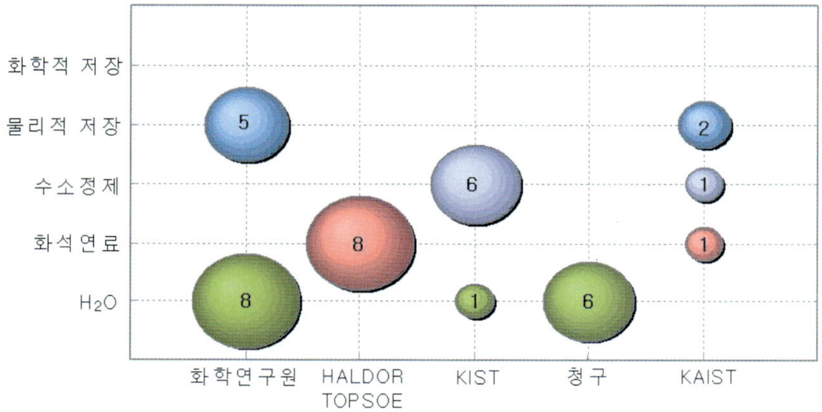

그림 4 출원인별 역점기술분야(한국특허)

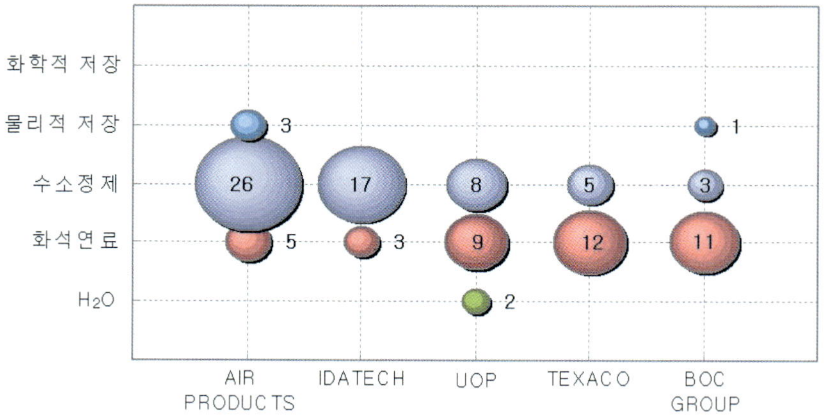

그림 5 특허권자별 역점기술분야(미국특허)

특허경쟁력 비교 - 주요국가

- 한국은 해외출원을 통한 특허활동이 상대적으로 미미하여 모든 경쟁력 지표에서 낮은 수준을 보임
  - 피인용도는 미국과 영국이 평균을 상회하는 상대적으로 높은 값을 보이고 있으며 이스라엘, 네덜란드 등이 다소 높게 나타나나 실제 미국 내 등록건수가 많지는 않음
  - 시장확보력 또한 미국, 영국 등이 평균 이상의 상대적으로 높은 수준을 보임
  - 기초과학과의 연계성은 공통적으로 주요국가 모두에서 낮게 나타남
  - 기술순환주기 또한 한국을 비롯한 주요국가가 평균 이하를 보여 응용기술 성격이 강한 것으로 분석됨
  - 기술력지수는 1 이하의 값을 보이는데, 특히 최근 등록건 중 피인용된 예가 없어 기술경쟁력이 극히 낮게 나타나고 있음

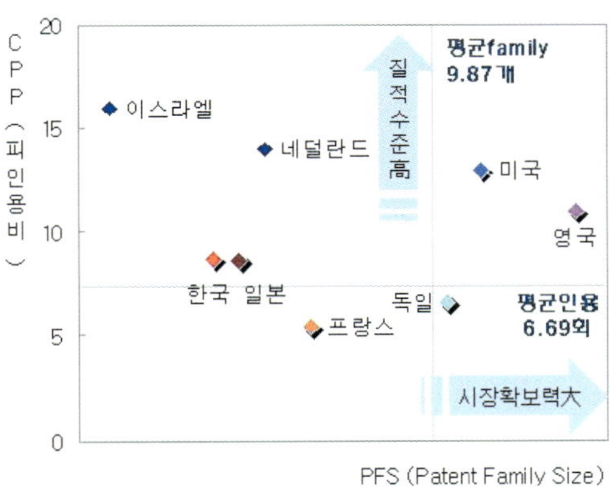

그림 6 특허영향력 및 시장확보력

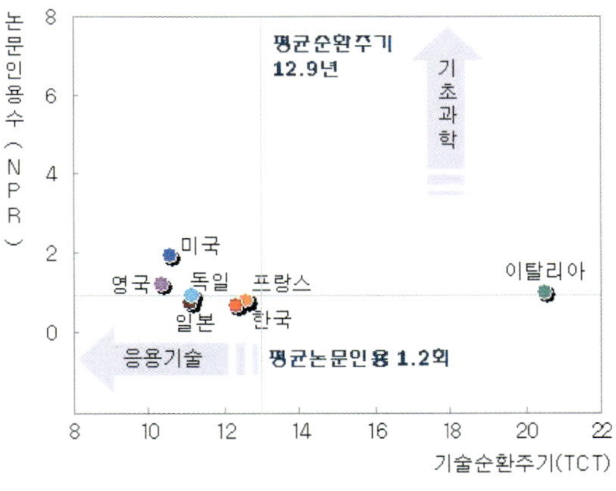

그림 7 연구개발방향 및 기술발전속도

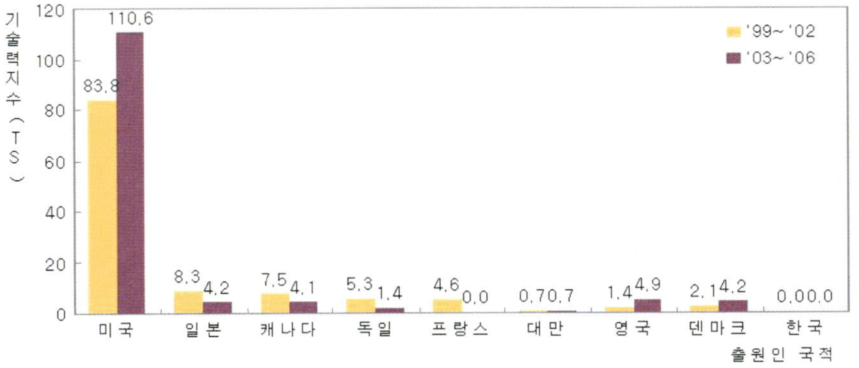

그림 8 기술력 지수

특허경쟁력 비교 - 주요기업

- 미국특허에 주요기술을 등록하고 있는 기업은 AIR PRODUCTS & CHEMICALS, IDATECH 등의 미국기업이며, 한국기업은 등록건수가 미미함
  - 피인용도는 AIR PRODUCTS & CHEMICALS, IMPERIAL CHEMICAL이 비교적 높은 값을 보임
  - 시장확보력은 IDATECH가 평균보다 높을 뿐만 아니라 타 기업보다 월등히 높은 수준을 보임
  - 기초과학과의 연계성은 IDATECH가 우수한 것으로 나타남
  - 기술순환주기는 TEXACO, BOC GROUP이 평균 이상의 값을 보임
  - 특허활동에 나타난 기술경쟁력은 IDATECH가 가장 높은 것으로 나타남

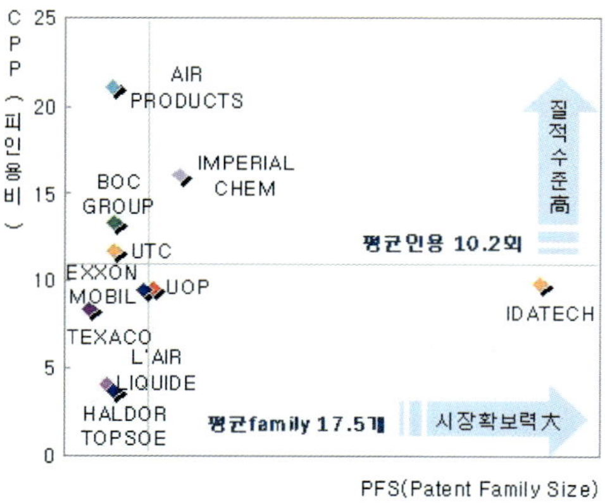

그림 9 특허영향력 및 시장확보력

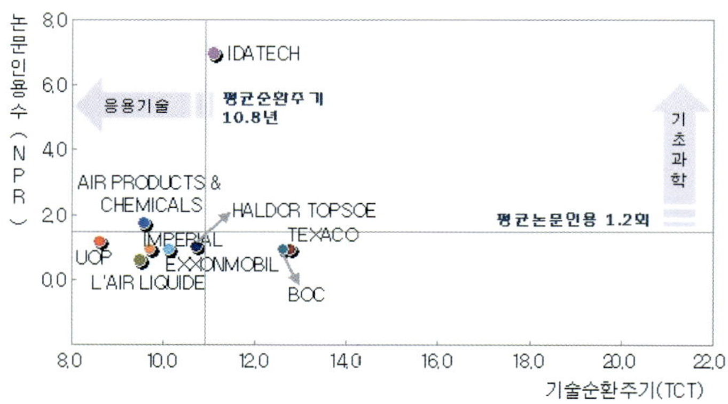

그림 10 연구개발방향 및 기술발전속도

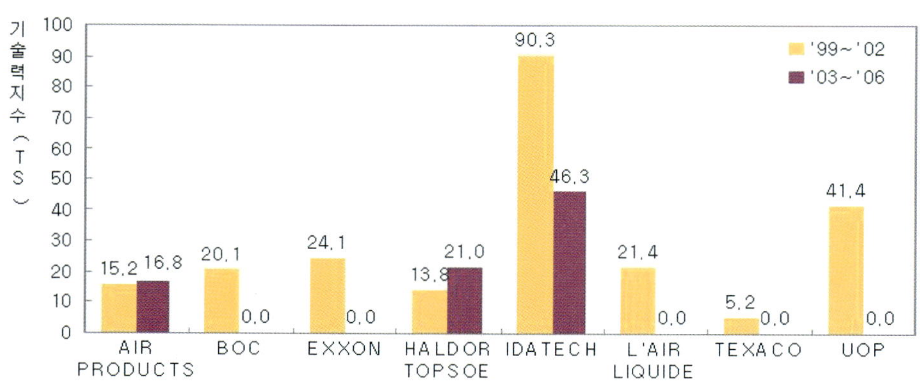

그림 11 기술력 지수

주요 출원인 심층분석 - 주요기업

- AIR PRODUCTS & CHEMICALS은 미국특허 내 가장 높은 특허점유율을 보이고 있으며 미국과 유럽을 중심으로 특허활동을 펴고 있음
  - 세부기술로는 수소정제분야에 주력하고 있으며, 수증기개질, 액체저장 등에 도 관련 기술을 보유
- AIR PRODUCTS & CHEMICALS의 특허는 해당분야에서의 기술영향력이 큰 것으로 분석됨
  - AIR PRODUCTS & CHEMICALS의 특허는 자사에 의한 인용뿐만 아니라, 특허활동을 집중하고 있는 수소정제분야의 주요기업에 의해서 빈번히 인용되고 있음

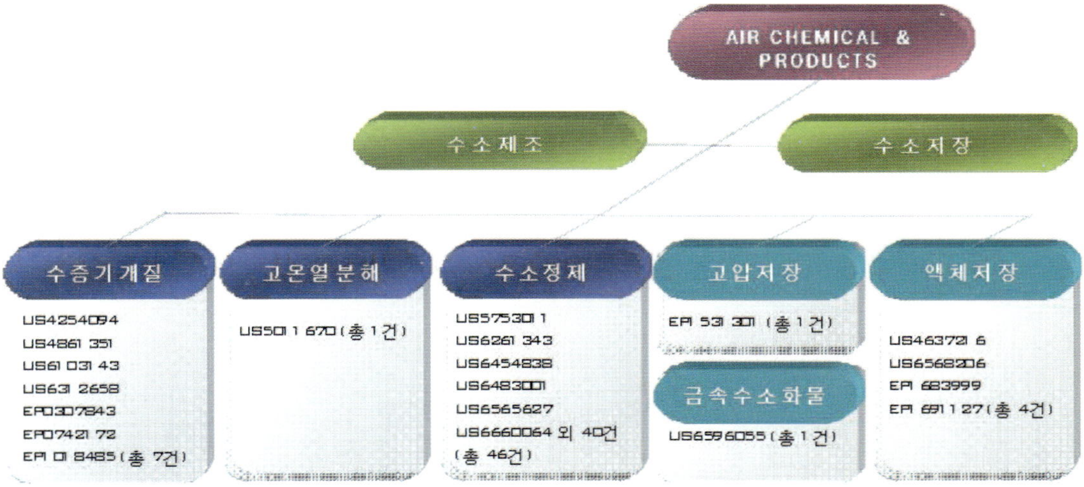

그림 12 AIR PRODUCTS & CHEMICALS의 특허현황

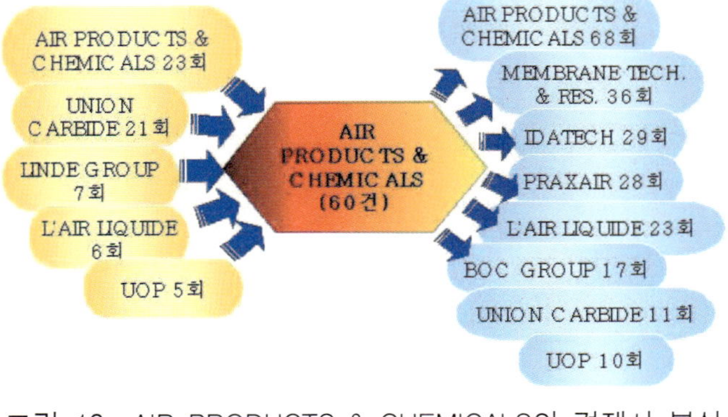

그림 13 AIR PRODUCTS & CHEMICALS의 경쟁사 분석

주요 출원인 심층분석 - 주요기업

- IDATECH는 20건의 보유특허 중 17건이 미국특허에 등록된 수소정제 관련기술임
  - 특히, 20건의 보유특허는 모두 최근 등록건으로 짧은 기간동안 특정분야의 권리확보에 주력하는 특징을 보임
  - 특허 간의 인용, 피인용은 자사에 의한 것이 대부분으로서 개량기술을 중심으로 한 연구활동을 펴고 있는 것으로 나타남

그림 14 IDATECH의 특허현황

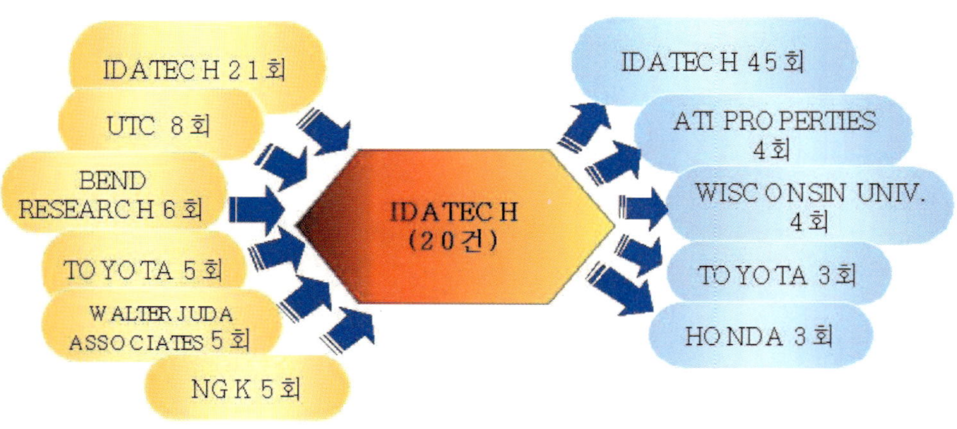

그림 15 IDATECH의 경쟁사 분석

주요 출원인 심층분석 - 주요기업

- MITSUBISHI HEAVY는 자국 내 특허활동을 위주로 한 비교적 다양한 분야의 기술을 보유하고 있음
  - 수소정제, 수증기개질에 가장 많은 분포를 보이나 제조기술 외에 저장기술 분야에도 관련특허를 출원하고 있음
  - 일본 내 출원에 주력하고, 미국에 등록된 특허는 3건에 그치고 있어 인용·피인용에 의한 기술영향력은 미미한 것으로 나타남

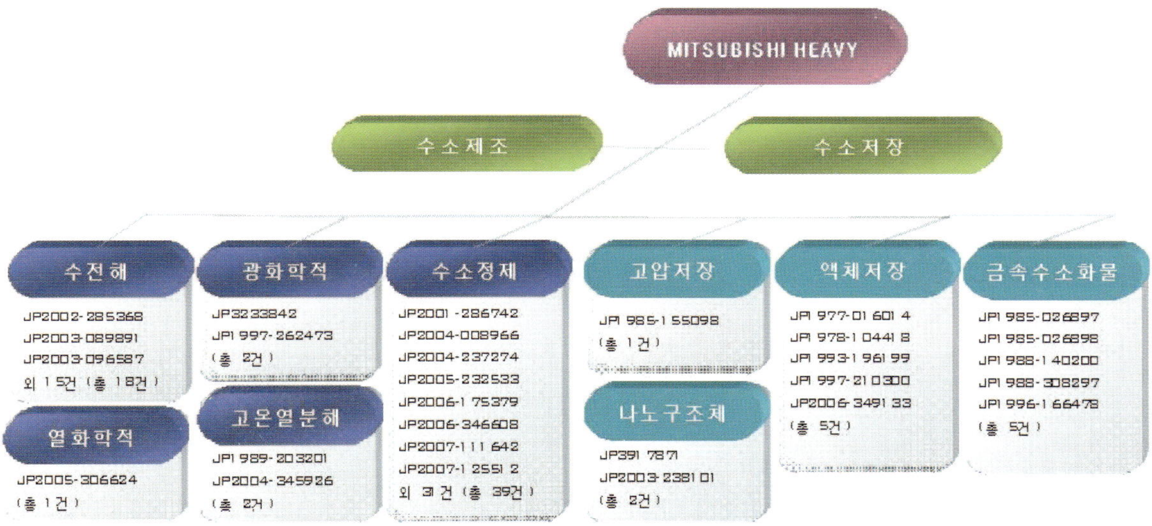

그림 16 MITSUBISHI HEAVY의 특허현황

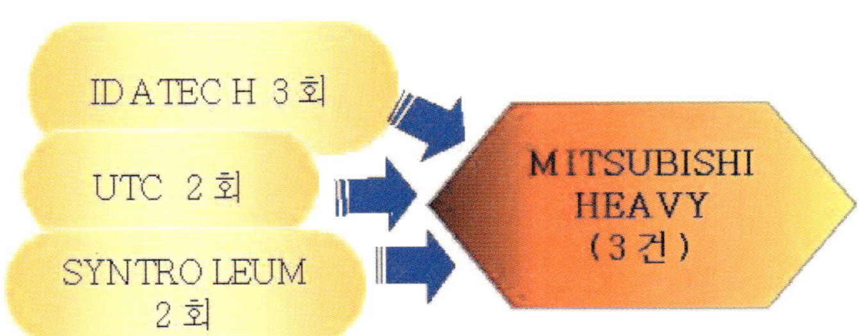

그림 17 MITSUBISHI HEAVY의 경쟁사 분석

기술분야별 핵심특허 분석

- 미국, 일본, 독일의 주요 관련기업에서는 수소제조 및 저장기술의 세부기술별로 권리화를 진행 중에 있어 이를 통해 해당분야에 특허장벽이 형성되고 있음
  - 해외출원을 통해 각국에 넓은 권리범위를 확보하고 있는 주요 핵심특허는 세부기술별로 상이한 출원인을 보임
  - 화학연구원에서 보유한 물로부터 수소제조, 광화학촉매 제조에 관한 기술은 한·미·일·유럽특허를 비롯하여 중국 등에 출원되어 권리화를 진행 중임

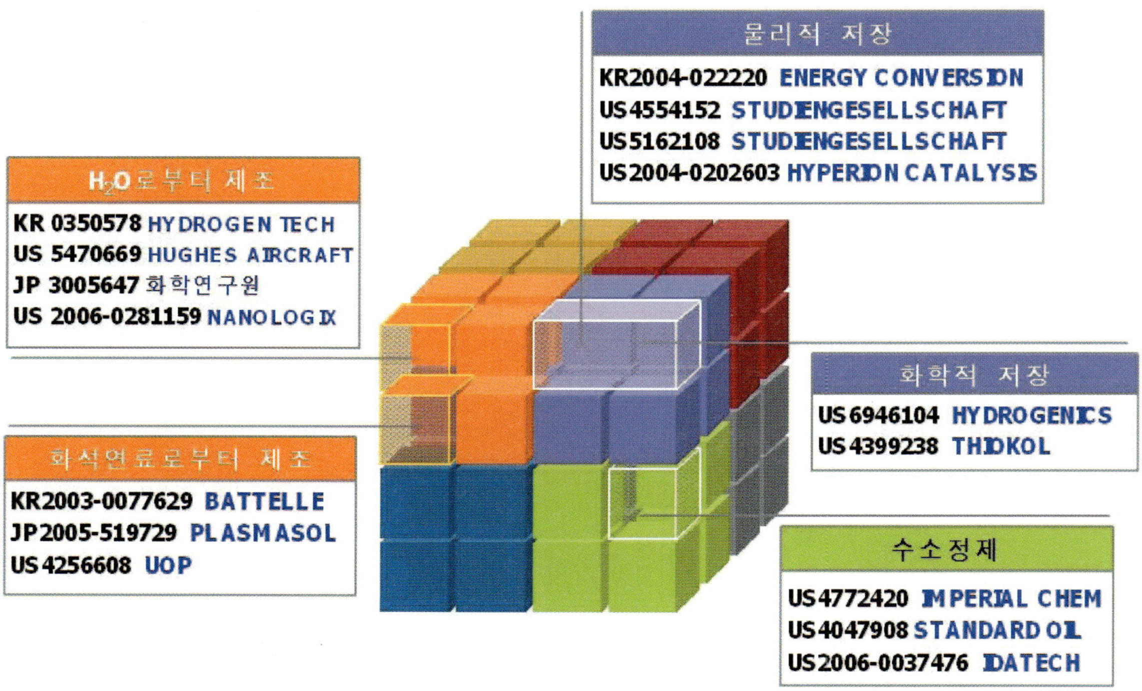

그림 18 기술분야별 핵심특허현황

연료전지 분야
특허 동향

2007. 10

특 허 청
Korean Intellectual Property Office

특허동향 비교 - 특허출원 현황

- 연료전지 분야의 한국특허는 1764건으로 전세계 특허에서 차지하는 비중이 5.7% 수준임
  - 일본특허가 62.1%로 가장 많고, 미국등록특허는 12.5%(등록된 특허를 기준으로 함)를 차지하고 있음
  - '00년대에 들어서면서 특허가 급증하는 공통된 경향을 보임
- 세계 최대 시장인 미국에서 한국인의 등록특허는 전체대비 1.1%(42건)로 미미함

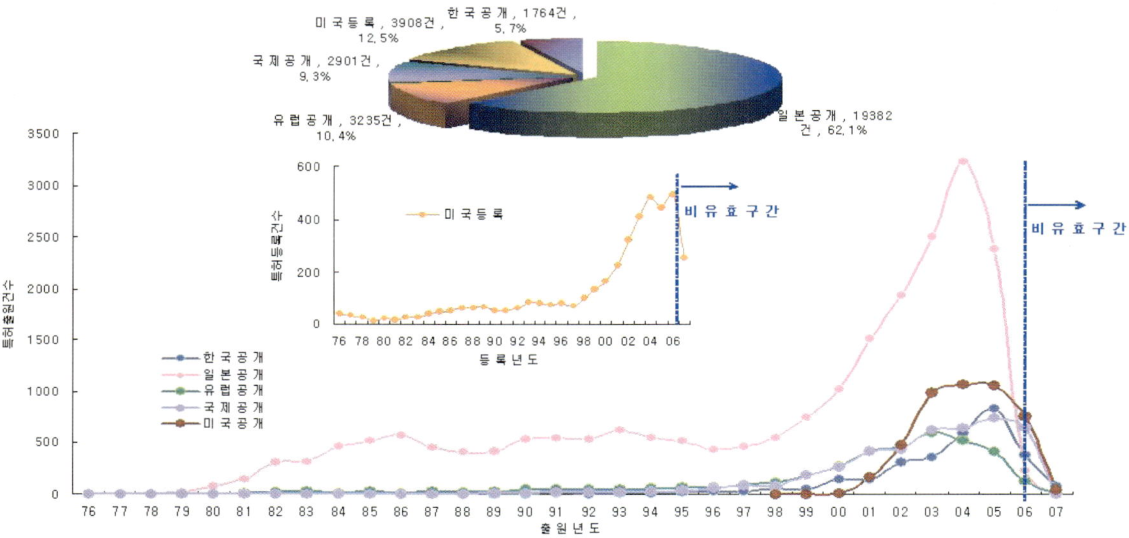

그림 1 특허 점유율 및 출원(등록) 추이

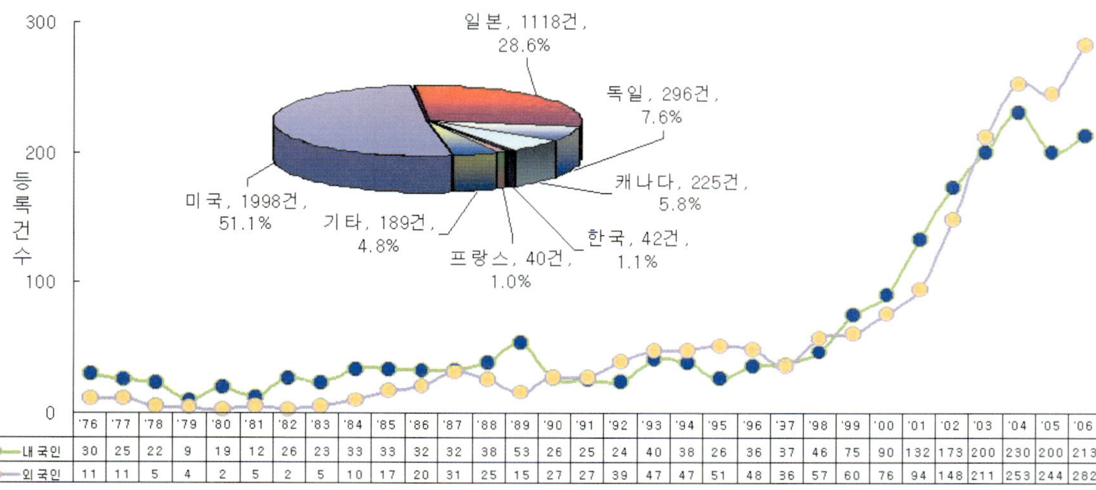

	'76	'77	'78	'79	'80	'81	'82	'83	'84	'85	'86	'87	'88	'89	'90	'91	'92	'93	'94	'95	'96	'37	'98	'99	'00	'01	'02	'03	'04	'05	'06
내국인	30	25	22	9	19	12	26	23	33	33	32	32	38	53	26	25	24	40	38	26	36	37	46	75	90	132	173	200	230	200	213
외국인	11	11	5	4	2	5	2	5	10	17	20	31	25	15	27	27	39	47	47	51	48	36	57	60	76	94	148	211	253	244	282

그림 2 국적별 점유율 및 특허등록 추이(미국특허)

특허동향 비교 - 선택과 집중(주요국가)

- 한국은 PEMFC, DMFC, MCFC 분야에 연구개발역량을 집중하고 있음
  - 미국과 일본은 특허건수가 상대적으로 많아 PEMFC, DMFC, MCFC, SOFC 등 모든 분야가 역점 분야로 나타남
- 최근 10년간 모든 국가에서 PEMFC 분야의 특허출원이 활발하게 진행됨

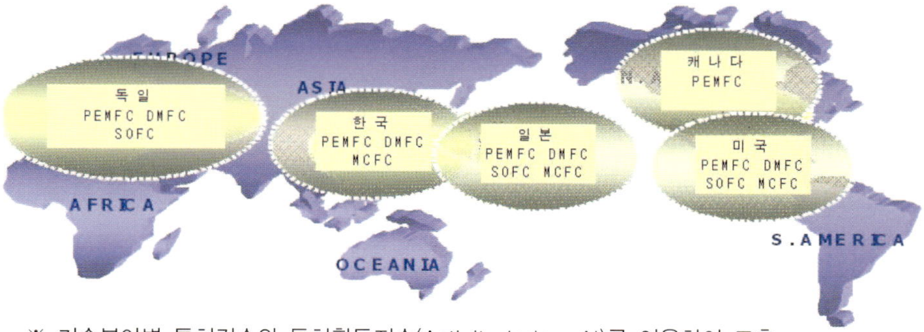

※ 기술분야별 특허건수와 특허활동지수(Activity Index, AI)를 이용하여 도출

그림 3 주요국의 역점기술분야

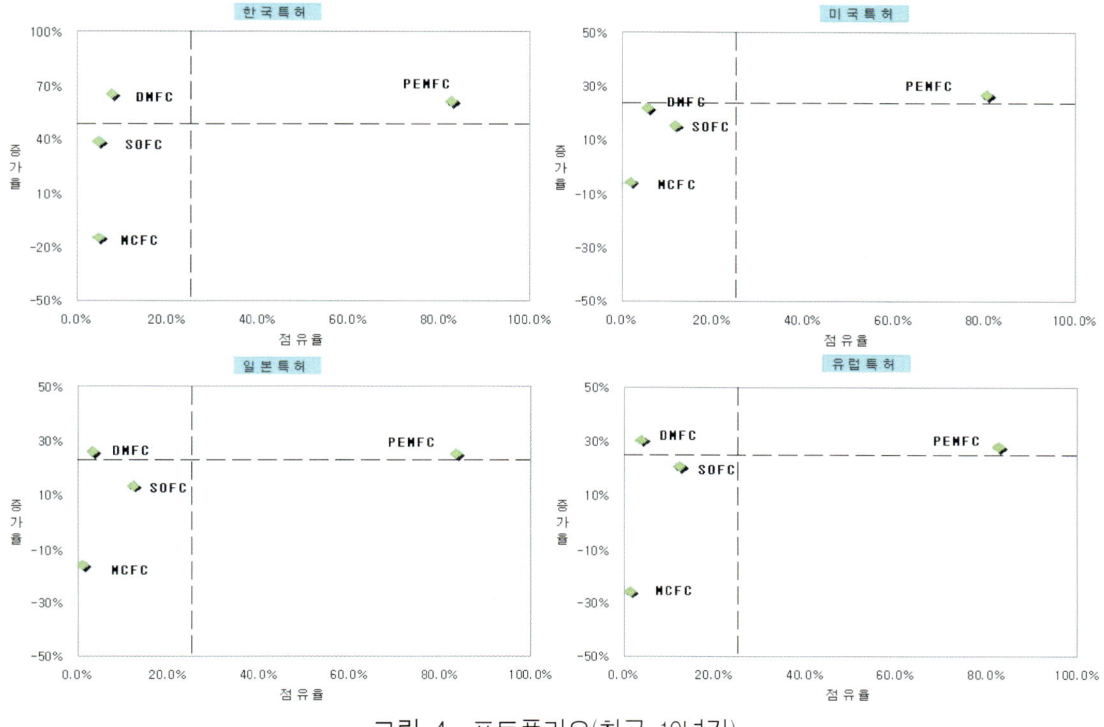

그림 4 포트폴리오(최근 10년간)

특허동향 비교 – 선택과 집중(주요기업)

- 미국에서 한국기업의 연료전지 산업에 대한 특허활동은 상위 10위 내에 포함되지 못할 정도로 아직 미약함
  - 대다수의 출원인이 PEMFC 분야에 등록을 집중하고 있으며, US DOE, United Technologies corp 등은 SOFC, MCFC 분야에도 상대적으로 많은 특허를 등록시킴
  - 한국의 삼성SDI는 2005년도 이후에 미국에 출원을 집중하고 있으나 현재까지 등록건은 많지 않아 상위 10위내에 포함되지 못함

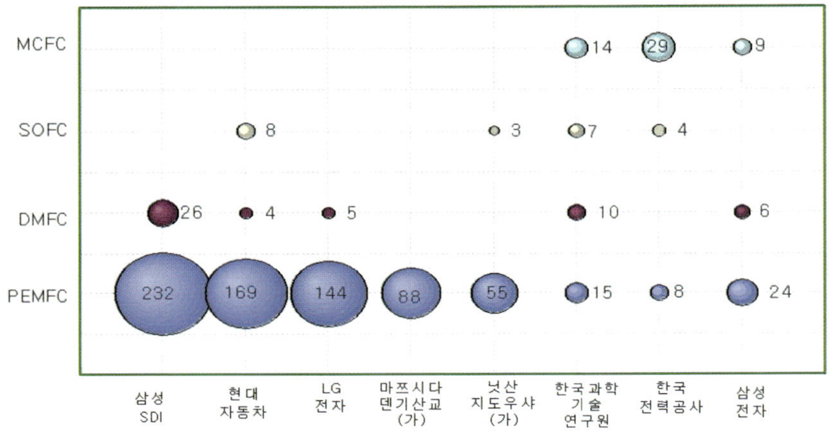

그림 5 역점기술분야(한국특허)

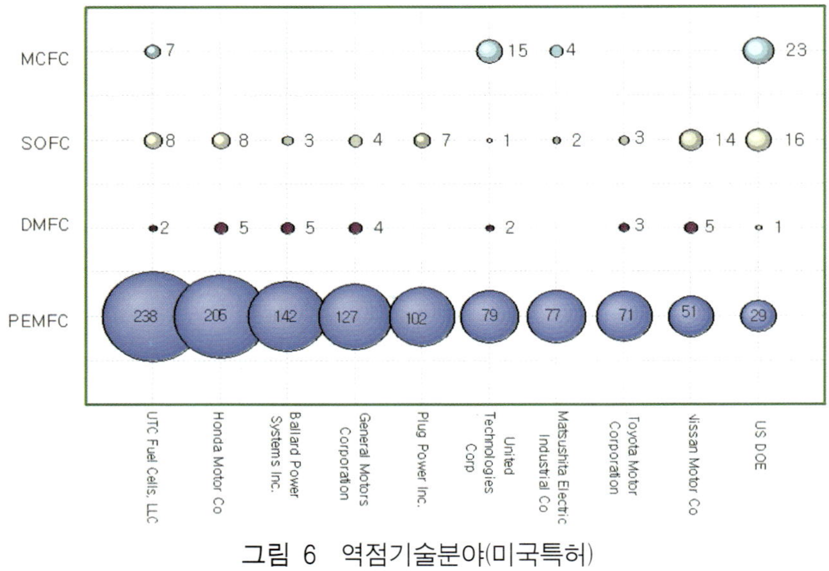

그림 6 역점기술분야(미국특허)

특허경쟁력 비교 - 주요국가

- 한국은 기술발전속도는 평균 정도지만, 다른 경쟁력지표는 주요경쟁국보다 낮은 것으로 나타남
  - 영국, 캐나다, 미국이 피인용비가 높으며, 다른 국가들에 비해서 시장확보력이 큰 국가로 나타남
  - 기초과학과의 연계성은 캐나다, 미국, 스위스가 높게 파악됨
  - 대만, 일본, 한국 등 아시아 국가는 기술발전속도가 유럽 및 미국 보다 빠르게 나타남
  - 한국의 최근 5년간 기술력 지수는 9.8로 미국의 1/130, 일본의 1/50 수준임

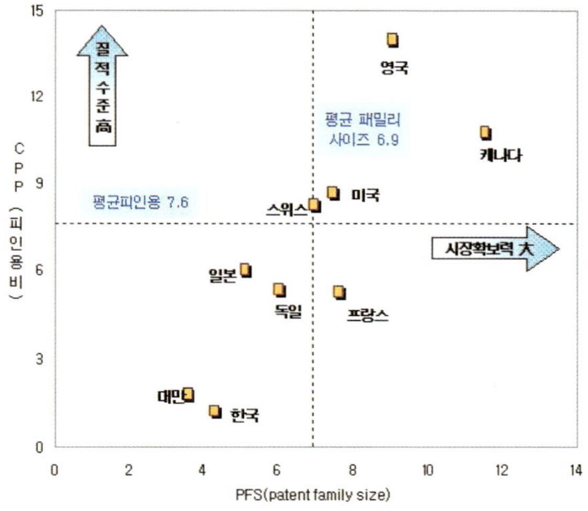

그림 7 피인용도 및 시장확보력

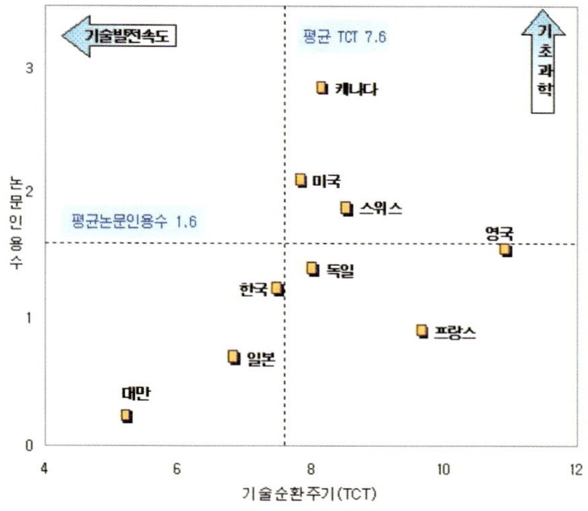

그림 8 연구개발방향 및 기술발전속도

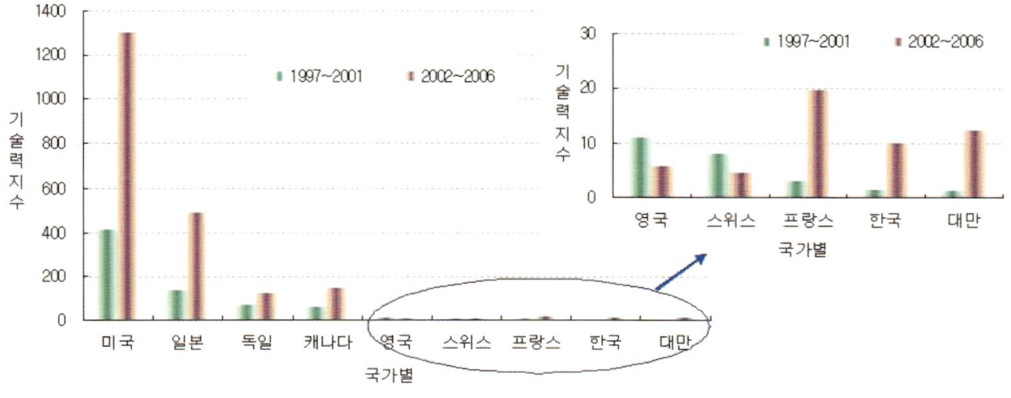

그림 9 주요국가의 기술력 지수

특허경쟁력 비교 - 주요기업

- Ballard Power Systems Inc, United Technologies Corp는 피인용비, 시장확보력이 큰 기업으로 나타남
- Ballard Power Systems Inc, Siemens AG는 기초과학 위주의 기술개발이 이루어지고, Nissan Motor, Honda Motor 등의 일본기업이 응용기술위주로 기술발전속도가 빠르게 이루어지고 있는 것으로 분석됨
- Honda Motor Co, UTC Fuel Cells, LLC, General Motors Corporation, Nissan Motor Co, Delphi Technologies, Inc 등은 '97~'01 구간에 비해서 '02~'06 구간에서 기술력지수가 급격히 증가하여 최근에 기술경쟁력이 강해진 것으로 분석됨

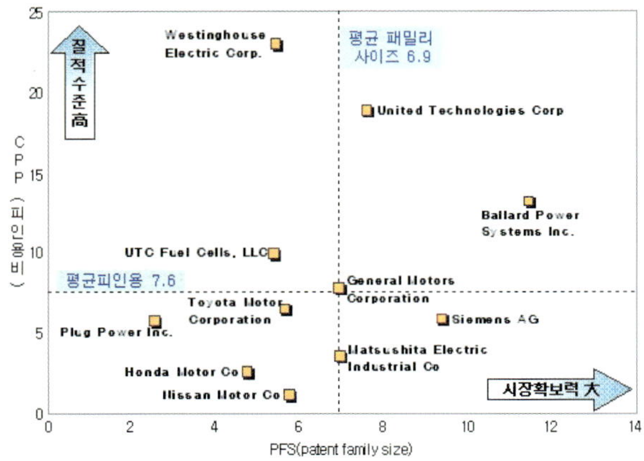

그림 10 인용도 및 시장확보력

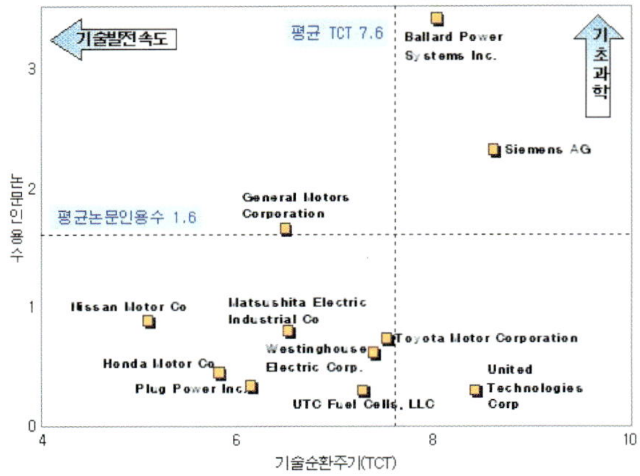

그림 11 연구개발방향및기술발전속도

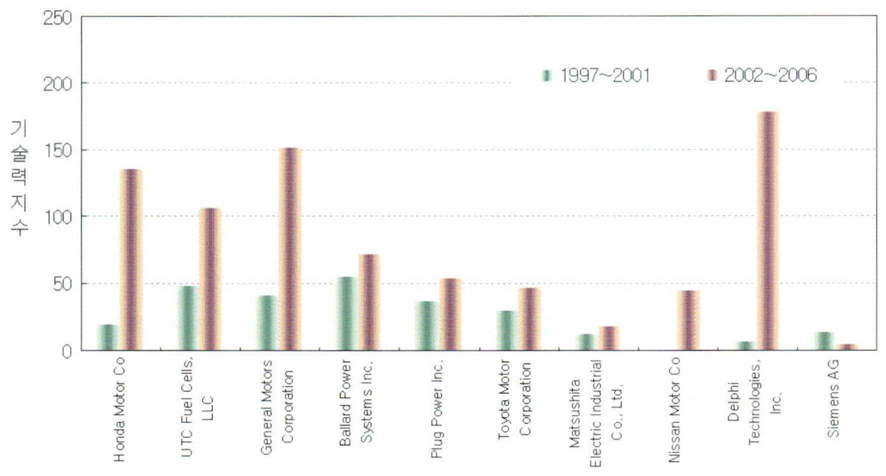

그림 12 주요기업의 기술력 지수

주요 출원인 심층분석 - 주요기업

- Nissan Motor Co는 PEMFC 분야에 전체 2,719건의 특허 중 PEMFC 분야의 특허가 2,436건으로 대다수를 차지함
  - 셀스택 보다는 시스템 및 운전 기술에 출원을 많이 하고 있는 것으로 파악됨(제어계, 시스템계, 열 및 물 관리계, 연료공급계 등)
- Nissan Motor Co는 자사 및 Toyota Motor Corporation, Honda Motor, General Motors Corporation 등의 미국, 일본 자동차 업체의 기술을 기술개발시 참조하거나 참고하는 것으로 분석됨

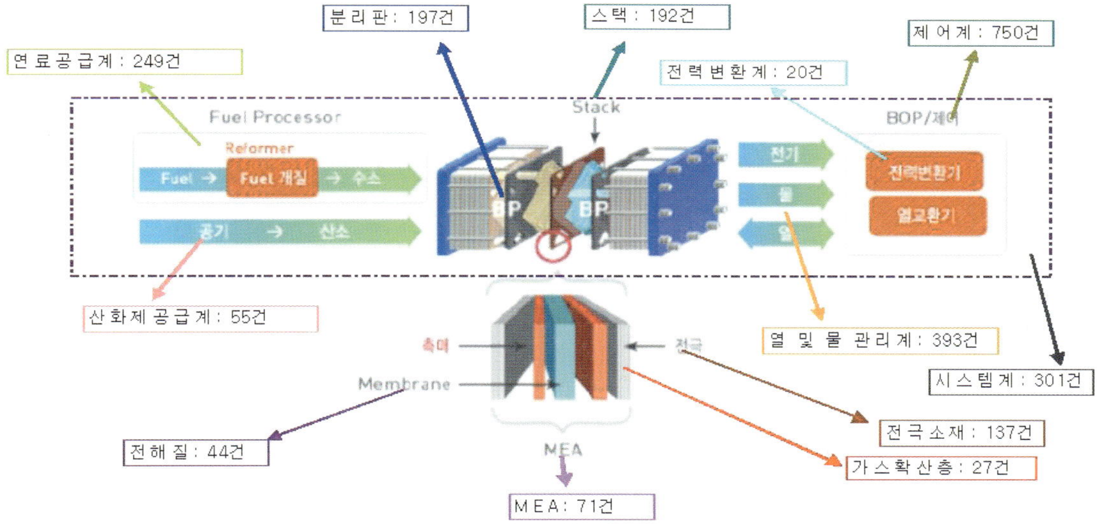

그림 13 Nissan Motor Co의 PEMFC 구성부위별 특허현황

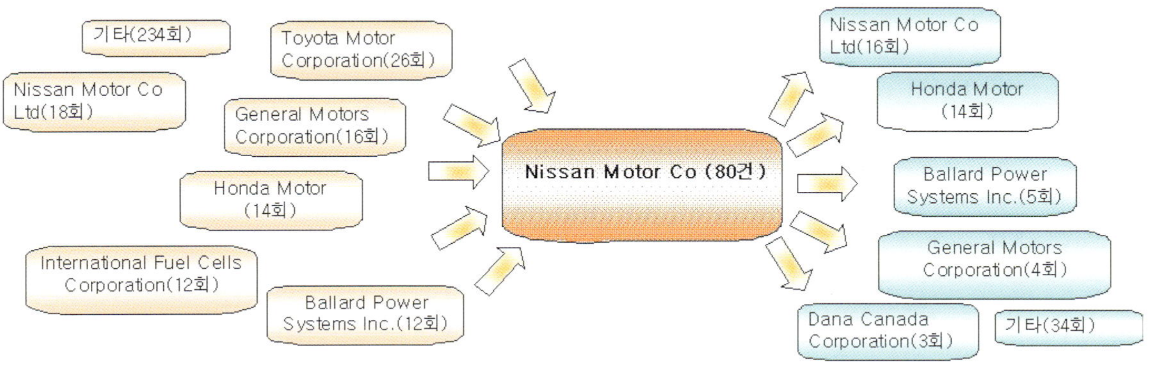

그림 14 Nissan Motor Co의 경쟁사 분석

주요 출원인 심층분석 - 주요기업

- UTC Fuel Cells, LLC의 연료전지 세부기술별 특허현황을 살펴본 결과, 전체 642건의 특허 중 PEMFC 분야의 특허가 589건으로 대다수를 차지함
  - 셀스택 보다는 시스템 및 운전 기술에 출원(등록)을 많이 하고 있는 것으로 파악됨 (제어계, 열 및 물 관리계, 연료공급계 등)
- UTC Fuel Cells, LLC는 자사특허를 가장 많이 인용/피인용하여 기술개발을 진행하는 것으로 나타났으며, 자사 이외에 United Technologies Corp, Ballard Power Systems Inc, United States, Plug Power Inc 등의 특허를 참조하여 기술개발을 진행하였고, Nuvera Fuel Cells, Inc, General Motors Corporation, Plug Power Inc, Ballard Power Systems Inc, IdaTech, LLC, Arthur D. Little, Inc 등이 모니터링 하고 있는 것으로 분석됨

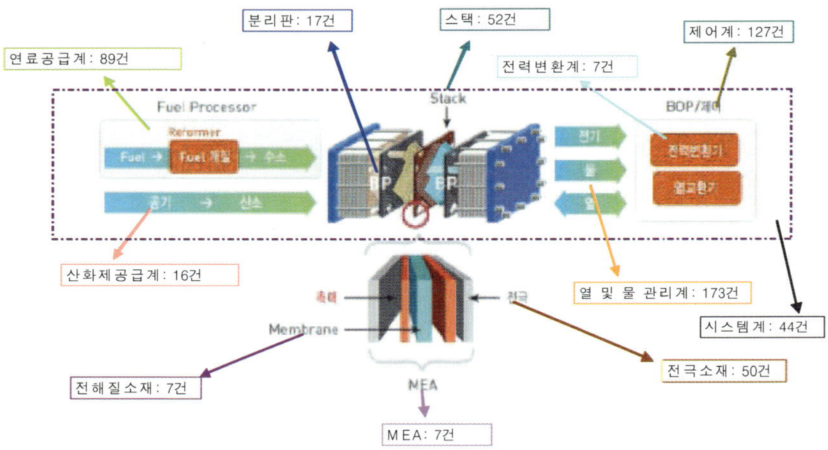

그림 15 UTC Fuel Cells, LLC의 PEMFC 구성부위별 특허현황

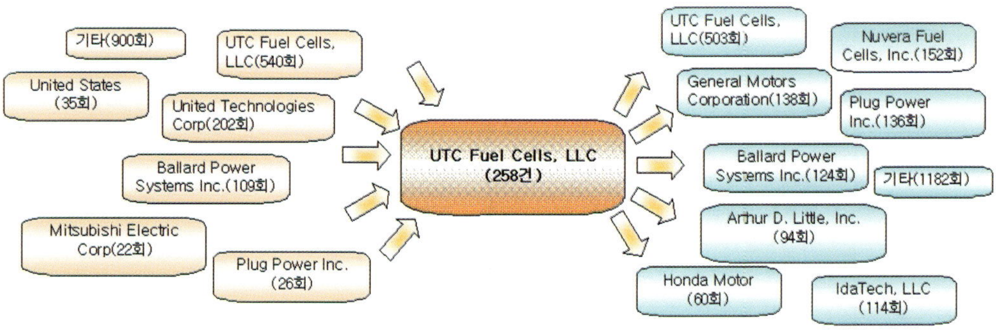

그림 16 UTC Fuel Cells, LLC의 경쟁사 분석

주요 출원인 심층분석 - 주요기업

- 삼성SDI의 연료전지 세부기술별 특허현황을 살펴본 결과, 전체 1,274건의 특허 중 PEMFC 분야의 특허가 1,113건으로 대다수를 차지함
  - 셀스택 분야에서는 전극 및 전해질 기술에 출원을 집중하고 있고, 시스템 및 운전 기술 분야에서는 연료공급계 기술에 출원을 많이 하고 있음
- 기술개발 시 Ballard Power Systems Inc, Dow Chemical Company, E I DuPont de Nemours & Co., Symyx Technologies, Inc. 등의 특허를 참조하는 것으로 분석되었으며, 삼성SDI 특허를 피인용한 특허는 현재까지 없는 것으로 파악됨(삼성SDI는 최근에 등록되기 시작하였으며, 등록건수도 적음)

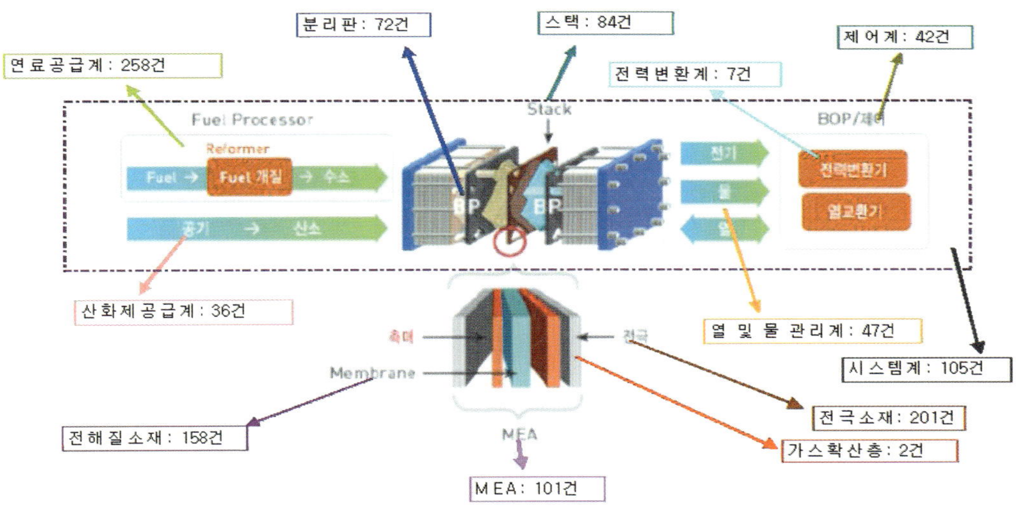

그림 17 삼성SDI의 PEMFC 구성부위별 특허현황

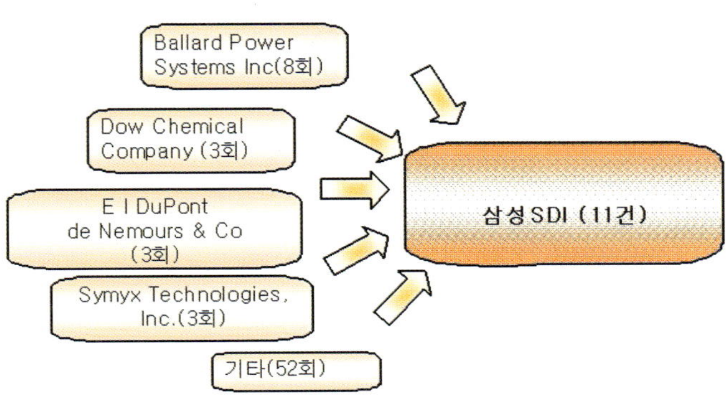

그림 18 삼성SDI의 경쟁사 분석

부록 3. 설문지

신·재생에너지 중장기(2030) R&D 계획 수립을 위한 설문 조사

본 설문조사는 에너지관리공단 신·재생에너지센터에서 추진 중인 '신·재생에너지 중장기(2030) R&D 계획' 수립을 위한 설문조사입니다.
국내 기술수준을 좀 더 정확하게 파악하고 세부기술에 대한 의견을 모으기 위한 목적으로만 쓰이고 기타 용도로는 절대 사용되지 않을 것임을 약속드립니다. 감사합니다.

설문조사 대상 분야

신에너지 및 재생에너지 개발·이용·보급 촉진법 제2조에 의한 11개 신·재생에너지원

설문조사 목적

2003년 작성된 "제2차 신·재생에너지 기술개발 및 이용보급 기본계획(2003~2012)"이 수립된 지 4년이 경과함에 따라 계획 당시와 비교하여 현재의 기술 성숙도, 보급여건 및 시장 환경 등이 급변함. 이로 인해 "제3차 신·재생에너지 기본계획(2008~2017)" 수립을 추진 중이며 동 기본계획 수립 시, R&D 부문의 중장기 추진방향 및 개발목표를 설정하기 위하여 11개 신·재생에너지원에 대하여 중장기(단기 : 2008~2012, 중기 : 2013~2020, 장기 : 2021~2030) R&D 계획을 수립하고자 합니다.

설문조사 기간

2007.8.3(월) ~ 24(금)

설문조사 제출처

e-mail :

공통 문항

1. 신·재생에너지 분야 중 귀하의 관심 분야를 선택하십시오. (최대 2순위까지 기입)

1. 태양광	2. 풍력	3. 수소연료전지	4. 석탄이용	5. 바이오
6. 폐기물	7. 태양열	8. 지열	9. 소수력	10. 해양

1순위 : (　　　　　　), 2순위 : (　　　　　　)

2. 귀하가 소속되어 있는 기관의 성격에 표기바랍니다.

정부기관 (　　　　　)	산업체 (　　　　　)	대학 (　　　　　)
연구소 (　　　　　)	기타 (　　　　　)	

※ 기업부설 연구소는 산업체에 해당됨

3. 귀하가 소속된 기관의 신·재생에너지 개발 및 보급에 대한 관심도는 어느 정도입니까? (　　)

①	②	③	④	⑤
매우 낮다	낮은 편이다	보통이다	높은 편이다	매우 높다

4. 귀하의 최종 학력에 표기 바랍니다.

대졸 이하 (　　　　　)	석사 (　　　　　)	박사 (　　　　　)

5. 해당분야(1번 문항의 1순위 분야)에서의 근무 기간(석·박사 기간 등을 제외한 실제 근무 기간)은 몇 년입니까? (　　　)

①	②	③	④
3년 미만	3년 이상~5년 미만	5년 이상~10년 미만	10년 이상

6. 산업자원부에서 지원 중인 신・재생에너지 기술개발사업에 참여한 경험이 있습니까? (주관, 참여, 위탁 모두 포함)

있다 ( )	없다 ( )

7. 기존의 '제2차 신・재생에너지 기본계획(2003.12)'과 '국가에너지자원기술개발 로드맵(2006.5)' 작성에 직・간접적으로 참여했습니까?

참여했다 ( )	참여하지 않았다 ( )

8. 기존의 '제2차 신・재생에너지 기본계획(2003.12)'과 '국가에너지자원기술개발 로드맵(2006.5)'의 내용을 알고 있습니까?

①	②	③	④	⑤
전혀 모른다	거의 모른다	보통이다	조금 안다	잘 안다

9. 8번 문항에서 '③~⑤'로 답한 경우, 기존의 기본계획과 로드맵이 신・재생에너지 기술이 현재의 수준에 이르는데 어느 정도 영향을 주었다고 생각하십니까?

①	②	③	④	⑤
전혀 영향이 없었다	거의 영향이 없었다	보통이다	어느 정도 영향을 주었다	많은 영향을 주었다

분야별 문항(수소 · 연료전지분야)

1. 다음 표의 평가 기준을 참고하여 국내 기술수준과 핵심기술의 국산화율에 대해 답변해주시기 바랍니다.

< 기술 수준의 단계별 평가기준 >

단계별 구분	특성	기술 수준(%)
기술 완숙기 및 시장 확대기	해외시장에서 경쟁력이 입증되며, 새로운 기술개발 요구에 독자적이고 능동적으로 대처할 수 있다.	81～100
기술 실증 및 상업화	개발된 기술이 상업화되어 현장에 적용되어 성능의 실증 연구가 이루어진다.	61～80
기술의 응용 연구	개발된 기술의 실증을 위하여 Pilot Plant 규모의 연구가 이루어진다.	41～60
기술 도입 및 기초기술 습득	도입기술을 통하여 운영기술을 습득하고 독자적인 기술개발을 위하여 실험적 규모의 기술을 개발한다.	21～40
개념 정립기	기술개발의 필요성이 인식되고 그에 필요한 요소기술을 파악한다.	0～20

1-1. 위의 평가기준 표와 핵심기술과 세부기술의 비중을 참고하고, 세부 기술의 국내 기술 수준을 %로 표기해 주시기 바랍니다.

분야	핵심기술	비중 (%)	국내수준 (%)	세부 기술		비중 (%)	국내수준 (%)
				No.	기술명		
수소	물분해 수소제조 기술	20	-	1	열화학적	25	
				2	생물학적	25	
				3	광전자촉매	25	
				4	전기분해	25	
	화석에너지 이용 수소제조기술	25	-	5	천연가스 직접분해	25	
				6	천연가스 촉매분해	25	
				7	중유 부분산화	25	
				8	석탄가스화	25	
	수소저장기술	25	-	9	고압기체저장	35	
				10	저온액화기술	10	
				11	수소저장합금	30	
				12	탄소나노재료	25	
	수소스테이션	30	-	13	개질기 설계 및 제작	30	
				14	PSA	20	
				15	컴프레샤	10	
				16	저장용기	20	
				17	디스펜서	10	
				18	운전기술	10	
	계	100	-				

* 분야별 기술수준과 핵심기술의 기술수준은 '∑(비중/100×국내수준)'으로 계산됨

분야	핵심기술	비중 (%)	국내수준 (%)	세부 기술		비중 (%)	국내수준 (%)
				No.	기술명		
연료 전지	MCFC	30	-	19	구성요소제조	25	
			-	20	분리판	15	
			-	21	스택제작 및 운전	20	
			-	22	연료개질기제작 및 운전	15	
			-	23	BOP	15	
			-	24	플랜트기술	10	
	SOFC	20	-	25	구성요소제조	20	
			-	26	대면적화	15	
			-	27	분리판연결재료	15	
			-	28	밀봉	15	
			-	29	스택 제조	25	
			-	30	시스템 운전	10	
	PEMFC	35	-	31	MEA 제조	20	
			-	32	고분자막 원천기술	15	
			-	33	분리판 설계 및 제작	15	
			-	34	자동차용 BOP	10	
			-	35	가정용 BOP	10	
			-	36	개질기	10	
			-	37	스택조립기술	10	
			-	38	시스템 기술	10	
	DMFC	15	-	39	촉매설계	10	
			-	40	MEA제조	30	
			-	41	스택 제조	30	
			-	42	BOP	20	
			-	43	시스템 구성 및 패키징 기술	10	
	계	100	-				

* 분야별 기술수준과 핵심기술의 기술수준은 'Σ(비중/100×국내수준)'으로 계산됨

1-2. 위의 평가기준 표를 참고하여 각 핵심기술의 국산화율을 %로 표기하시기 바랍니다.

핵심기술 (수소)	비중(%)	국산화율(%)	
		설계	제작/생산
물 분해수소제조	20		
화석에너지이용 수소제조	25		
수소저장	25		
수소 스테이션	30		
합계	100		
MCFC	30		
SOFC	20		
PEMFC	35		
DMFC	15		
합계	100		

※ 국산화율 : 핵심기술과 관계된 신·재생에너지 설비 중 국내 기업이 설계, 생산, 제작이 가능한 비율을 의미함

2. 1-1 문항의 세부기술 중 가장 개발이 시급하다고 생각되는 기술을 수소 2가지, 연료전지 5가지 선택하고 그 선정 이유를 표기 바랍니다.
(1-1문항의 세부기술 번호와 아래 선정 이유의 번호를 참고하여 모두 숫자로 기입)

수소분야	기술 개발이 시급한 기술	선정 이유
1 순위		
2 순위		

연료전지분야	기술 개발이 시급한 기술	선정 이유
1 순위		
2 순위		

No.	선정 이유
1	우리나라 실정에 적합하여 가장 큰 파급효과(보급률)가 기대된다.
2	국외 수준에 비하여 현저히 낮다.
3	해당 분야와 핵심기술의 개발을 위해서 가장 필요한 기술이다.
4	전 세계적으로 집중적인 개발을 추진하고 있는 기술이다.
5	해당 분야뿐 아니라 타 분야의 발전에도 영향을 줄 수 있다.
6	경제성이 뛰어나다.
7	단기간에 기술 확보가 가능하다.
8	기술 개발시 국제적 위상에 미치는 영향이 크다.
9	기술 개발시 국내 경제에 미치는 파급효과가 가장 크다.
10	인력양성 및 고용효과가 가장 우수하다.
11	산업재산권 확보와 틈새시장 장악이 용이하다.
12	타 분야 기술을 응용할 경우, 세계시장에서의 기술 우위를 선점할 수 있다.

3. 장기(2030년)적인 관점에서 해당 분야의 다음 항목들이 현재 수준과 비교하여 어느 정도 성장할 것으로 예측됩니까?

항목		단위	2006년 말 (추정)	2012년	2020년	2030년
업체 수		개	195			
관련 인력	연구인력	인	2081			
	생산인력	인	-			
국내 보급		TOE	-			
연간 매출액		억 원/년	24			
연간 수출액		억 원/년	-			

4. 중장기(2030) R&D 계획이 수립된 후, 추진하는 데 있어서 가장 크게 예상되는 장애요인은 무엇이라고 생각하십니까? (최대 2개 선택 가능)

장애요인	선택
추진할 연구 인력이 부족하다.	
정부의 지원 정책이 미흡하다.	
정부의 경제적 지원(기술개발 예산)이 부족하다.	
우리나라 현실에 부적합하다.	
기업체의 참여 부족으로 상용화가 어렵다.	
우수인력의 해외 유출이 심각하다.	
우수기술의 해외 유출이 심각하다.	
세계적인 우수기술, 선도기업과의 격차가 너무 크다.	
자본과 인력을 보유한 대기업의 참여가 저조하다.	
기본계획의 목표가 이상적으로 수립되어 추진이 어려울 것이다.	
국내 시장규모가 협소하며 성장에 한계가 있다.	

5. 중장기(2030) R&D 계획이 수립된 후, 효율적인 계획 추진을 위하여 보완 주기를 몇 년으로 정하는 것이 적절하다고 판단되십니까?

①	②	③	④	⑤
1년	2년	3년	5년	10년

6. 귀하가 생각하시는 석탄이용에너지 분야의 기술개발 및 보급에 대하여 의견이나 건의 사항을 제시하여 주시기 바랍니다.

※ 본 설문조사는 '제3차 신·재생에너지 기본계획'을 위한 '신·재생에너지 중장기(2030) R&D 계획' 수립의 목적으로만 사용될 것입니다. 소중한 시간을 내어 응답해 주셔서 진심으로 감사드립니다.

위원장	한국과학기술연구원	홍 성 안
위 원	전북대학교	남 기 석
	포항산업과학연구원	전 중 환
	한국과학기술연구원	남 석 우
	GS퓨얼셀(주)	황 정 태
	한국가스공사	박 달 영
	현대자동차	오 형 석
	한국과학기술연구원	하 흥 용
	한국에너지기술연구원	정 두 환
	한국과학기술연구원	최 대 기
	특허청	박 진
	특허청	장 기 완
	특허정보원	김 정 현
	특허정보원	채 방 실
	신・재생에너지센터	유 경 석
		조 용 희
		문 현 주
		장 하 나
	수소・연료전지사업단	이 태 환

신・재생에너지 RD&D 전략 2030 ❻

수소・연료전지 I

2008년 7월 10일 제1판 1쇄 인쇄
2008년 7월 15일 제1판 1쇄 발행

저 자 ◎ **에너지관리공단 신・재생에너지센터**
발행자 ◎ **조 승 식**
발행처 ◎ (주) 도서출판 **북스힐**
서울시 강북구 라일락길 36
등 록 ◎ 제 22-457 호

TEL (02) 994-0071(代)
FAX (02) 994-0073
E-MAIL bookswin@unitel.co.kr
www.bookshill.com

값 16,000원

ISBN 978-89-5526-482-1
ISBN 978-89-5526-476-0(세트)